CONSIDÉRATIONS

POUR SERVIR A LA CONNAISSANCE PRATIQUE

DU

SANG DE RATE

DES GRANDS ANIMAUX DOMESTIQUES

DANS L'ARRONDISSEMENT DE PROVINS

Par M. H. VERRIER

VÉTÉRINAIRE A PROVINS (SEINE-ET-MARNE)

MÉMOIRE LU A LA SOCIÉTÉ PROTECTRICE DES ANIMAUX

PARIS

E. DE SOYE, IMPRIMEUR

2, PLACE DU PANTHÉON

1865

CONSIDÉRATIONS

POUR SERVIR A LA CONNAISSANCE PRATIQUE

DU

SANG DE RATE

DES GRANDS ANIMAUX DOMESTIQUES

DANS L'ARRONDISSEMENT DE PROVINS

MÉMOIRE LU A LA SOCIÉTÉ PROTECTRICE DES ANIMAUX

PARIS

E. DE SOYE, IMPRIMEUR

2, PLACE DU PANTHÉON

1866

Les développements dans lesquels nous allons entrer, pour donner à nos idées, sur la maladie le *sang de rate*, quelques raisons d'opportunité et de vraisemblance, sont le résumé d'une pratique longue, et surtout féconde en sujets d'observations. Quelques passages ont été extraits d'un mémoire sur les prairies artificielles, adressé à la Société centrale de médecine vétérinaire, et insérés ici comme étant le complément naturel et indispensable de ce travail. A défaut d'autre mérite, ils pourront être regardés comme l'expression exacte de la physionomie des maladies auxquelles ils se rapportent dans l'arrondissement de Provins. Ils ne sauraient d'ailleurs avoir d'autre valeur; nous n'ignorons point combien la famille des maladies, dont le caractère spécial est une altération putride du liquide sanguin, comporte d'individualités, variables comme les circonstances qui ont pu leur donner occasion.

C'est par leur cachet de terroir, que les essais monographiques sur ces matières peuvent arriver à exceller sur les traités classiques, dans lesquels la plupart des questions se trouvent envisagées *ex-professo*, c'est-à-dire d'une manière beaucoup trop générale.

Nous nous sommes inspiré, du reste, dans la conception

de notre travail, de ces paroles d'un hygiéniste de distinction :

« L'homme ne naît, ne vit, ne souffre, ne meurt pas d'une manière identique sur tous les points de la terre. Naissance, vie, maladie et mort, tout change avec le climat et le sol, tout se modifie avec la race et la nationalité » (1).

(1) « Guilbert. *Annales d'hygiène* ».

CONSIDÉRATIONS

sur

LE SANG DE RATE

DES GRANDS ANIMAUX DOMESTIQUES

Depuis que, dans nos contrées, on s'est sérieusement occupé de faire progresser l'agriculture, on a pu remarquer que les idées d'amélioration générale, celles relatives à l'agronomie proprement dite ont surtout éveillé l'attention et attiré principalement les efforts. Il semble qu'on ait senti la grande nécessité de frapper l'esprit des masses par des résultats sensibles et immédiats, pour vouloir ainsi hâtivement sortir du milieu inférieur où, depuis toujours, l'ignorance des temps et des tendances sociales différentes avaient plongé le premier des arts.

Par cette raison, il est arrivé qu'on a dû négliger certaines questions de la pratique agricole, que leur importance en apparence moindre rendait par conséquent secondaires ; et cependant, parmi ces dernières, quelques-unes sont pour le succès de certaine partie de l'économie rurale d'un intérêt capital.

Pour l'une d'elles surtout, il devient désormais impossible de conserver le même état d'indifférence. La gravité sans cesse croissante des incidents multiples qu'elle provoque, des plaintes qu'elle occasionne, a réussi à éveiller l'attention de l'administration supérieure, celle des agronomes et même celle de quelques-uns des membres les plus distingués des corps savants.

Nous voulons parler de la mortalité des animaux domestiques de l'agriculture par les épizooties et les enzooties, calamités qui, dans certaines contrées, comme l'arrondissement de Provins, par exemple, élèvent assez le chiffre de leurs sinistres, comme on le verra plus loin, pour en faire de véritables désastres.

Nous ne chercherons point, par de longues considérations, à justifier les motifs qui peuvent engager si fortement aujourd'hui tous les intéressés à éclaircir la raison d'être de la plupart de ces mystérieux agents de destruction. Les chiffres sont là, comme autant d'arguments dont l'éloquence brutale est indiscutable. C'est, pour nos contrées, l'histoire annuellement répétée de toutes les conséquences ruineuses, qu'entraînent après eux les fléaux de ce genre, et dont les annales spéciales nous ont conservé le hideux souvenir.

Est-il nécessaire de dire que le cultivateur qui perd ainsi son bétail, voit anéantir en pertes sèches une portion importante de son avoir, une des plus considérables sources de ses profits. La terre y perd une somme d'engrais dont elle a le plus grand besoin, l'industrie ses matières premières et la consommation générale une raison sérieuse d'extension.

N'aurait-on pas d'ailleurs les données très-précises de la statistique agricole organisée par les soins de l'administration, pour établir le bien fondé de ces recherches, que d'autres nombreux motifs, tirés pour la plupart de la nécessité impérieuse où tout fermier se trouve de multiplier sans cesse son bétail domestique, suffiraient à cet objet.

Il y a longtemps déjà qu'une de nos plus grandes illustrations nationales a dit : qu'un pays sans bétail était une contrée livrée à l'étranger. »

Si de pareils sentiments ne sont point affirmés dans un langage aussi élevé par la masse de nos agriculteurs, le dernier aussi bien que le premier des praticiens sait ce qu'il convient d'en penser.

Il est hors de doute pour tout le monde aujourd'hui que, par suite de la grande diffusion des connaissances scientifiques, d'une bonne hygiène et de perfectionnements introduits dans l'art de guérir, les chances de mort accidentelle ne soient considérablement diminuées : c'est là un fait indéniable. Mais en est-il de même pour les affections du bétail qui ont un caractère général, pour les épizooties, par exemple? Est-il aussi incontestable que certains procédés reconnus bons, que certaines méthodes agricoles perfectionnées, se rattachant plus ou moins directement à la manière d'être de ce même bétail, n'exercent pas dans beaucoup de cas comme causes une influence pernicieuse. — On pourra objecter que pour la plupart des maladies épidémiques ce genre de recherches n'a toujours abouti qu'à des hypothèses souvent chimériques. Cela ne saurait dans le cas actuel, nous satisfaire, nous avons de bonnes raisons pour croire que, à l'égard de certaines d'entre elles, les causes les plus vraisemblables ne sont pas ailleurs, et qu'elles doivent être à l'heure qu'il est l'objet des plus vives préoccupations de ceux qui, comme presque tous nos cultivateurs, se livrent à l'élevage et à l'éducation des bestiaux.

C'est une remarque que l'observateur attentif a pu facilement saisir. Nous l'avons depuis longtemps signalée dans nos rapports à l'administration.

Il serait très-important assurément d'être bien édifié à cet égard, de pouvoir déterminer avec quelque degré de certitude jusqu'à quel point les améliorations réalisées dans l'état du sol cultivable, dans le sous-sol, jusqu'où l'emploi fréquent des amendements et des engrais, les qualités alimentaires et l'abondance des produits, l'industrie agricole, tous excellents motifs de fertilité et de production, sont susceptibles d'être envisagés comme le point de départ incontestable de maladies graves, de pertes importantes ou de dépréciations notables des races domestiques.

Une grave question d'économie rurale se trouve naturellement soulevée à cette occasion, et le physiologiste se demande si le savoir faire de la culture progressive vis-à-vis du bétail, place bien ce dernier dans des conditions normales et prospères à l'égard de sa multiplication et de sa conservation en santé.

Lorsqu'on examine cette face de l'hygiène rurale à un point de vue général, on reste convaincu que l'ensemble des dispositions adoptées communément par le cultivateur, qui se trouve entraîné à augmenter rapidement le nombre et les qualités commerciales des produits de son exploitation, pèse d'une façon directe et efficace sur les conditions domestiques imposées ainsi par la force des circonstances aux animaux de son cheptel.

On pourrait même ajouter que ce besoin impérieux de produire, nécessité d'ailleurs par des exigences de toute nature, a pour ainsi dire fait du cultivateur une sorte d'industriel, dont les préoccupations constantes seraient de transformer ses animaux en des machines vivantes, destinées à utiliser ses productions premières et ses résidus, au plus grand succès de ses recettes, sans grand souci de leur santé et de la durée de leur existence. En un mot, l'économiste tendrait à remplacer à peu près complétement l'hygiéniste.

Une telle méthode, poussée jusqu'à l'extrême, éloigne assurément le bétail des conditions physiologiques indispensables au maintien de sa santé. On pourrait très-bien le comparer à ces plantes de serre que l'on force, par des moyens artificiels, à une production multipliée et prématurée, et que par cette raison on ne tarde pas à voir s'étioler et périr.

Les exemples des effets funestes de ce système excessif sont nombreux et concluants.

Ainsi, on ne saurait nous taxer d'erreur lorsque nous disons que c'est par l'emploi continu de tels moyens, que les nourrisseurs de Paris et des grandes villes arrivent à voir périr la plus grande partie de leurs vaches laitières de la phthisie.

Nous sommes également disposé à croire que le régime dominant auquel sont soumises les bêtes bovines des contrées septentrionales, a l'influence la plus directe sur l'origine de la pleuro-pneumonie.

Backwell, le célèbre éleveur anglais, n'est parvenu à maintenir les formes extra-musculeuses et graisseuses de son troupeau, qu'en l'entourant de soins artificiels qui, de l'aveu des hommes compétents, l'ont prédisposé fortement à la cachexie aqueuse.

Nous pourrions multiplier ces citations et ajouter que ce sont là d'ailleurs les tendances bien manifestes de la zootechnie actuelle. Ce que l'on est convenu d'appeler la précocité pour nos races de boucherie, en est à nos yeux une évidente démonstration.

L'avenir fera connaître ce qu'il convient de penser d'une méthode dont la pratique, sans réserve, doit dans notre opinion aboutir à compromettre les usages multiples de nos excellentes races à viande, et conduire à leur abâtardissement par des vices d'infécondité, aujourd'hui bien reconnus par l'expérience, dont ces prétendues races perfectionnées sont entachées.

Ce qui se passe dans les grands pays d'élève pourrait au besoin servir de preuve nouvelle que notre manière de voir dans cette question n'est pas éloignée d'être vraie. Dans la Normandie, dans la Bretagne, dans le Morvan, la Franche-Comté, les animaux sont soumis, dans de vastes prairies, au

régime pastoral. Les mortalités y sont très-rares, et les maladies générales graves, comme le sang de rate, la pleuro-pneumonie, la cachexie aqueuse, etc., à peu près complétement
inconnues.

Nous savons bien qu'il est impossible de condamner absolument le système actuellement suivi dans les contrées de
grande culture ; il est trop la conséquence inévitable d'un état
de choses amené lui-même par les exigences d'une culture ex-
tensive. Des besoins nouveaux, une consommation illimitée ont
pour toujours rendu le retour à l'ancien régime du pâturage
impraticable. Mais en signalant quelques-unes de ces tendances, nous avons voulu faire pressentir l'influence qu'elles peuvent exercer sur l'origine de certaines affections, et à quelles
fins peut conduire l'exagération de telles pratiques.

L'examen rapide de la maladie appelée le sang de rate, que
nous allons entreprendre, nous fournira, comme on verra par
la suite, une occasion nouvelle de démontrer que nos idées
sur l'origine des maladies générales ne sont point sans quelque fondement.

Le sang de rate, ainsi nommé par Tessier à cause du volume
considérable de la rate de ses victimes, est une maladie particulière à tous les herbivores domestiques et surtout aux bêtes à
laine. Elle se manifeste principalement dans certaines contrées
de grande culture, comme la Beauce, la Brie, où elle fait de
nombreuses victimes. On a fait sur cette maladie de nombreux travaux ; malgré cela, elle est encore bien peu connue.

Elle a donné occasion à des opinions si diverses et souvent
tellement contraires, qu'on ne peut véritablement s'en expliquer l'origine autrement que par une suffisante connaissance pratique du sujet. Aussi l'économie du bétail n'a-t-elle
jusqu'ici retiré aucun bienfait sensible de ces travaux ; les
ravages occasionnés aujourd'hui par cette maladie sont tout
aussi importants que du temps de Tessier ; on peut même
ajouter qu'ils le sont davantage et qu'ils vont croissant.

Les développements dans lesquels nous nous proposons
d'entrer, seront principalement tirés du domaine des faits
journaliers et d'une observation qui nous est personnelle.
Les remarques qu'ils comportent ont été faites exclusivement
dans l'arrondissement de Provins, où le sang de rate sévit de
temps immémorial et où nous l'étudions depuis vingt ans.

Notre étude comprendra :

1° Le sang de rate au point de vue des intérêts agricoles de l'arrondissement de Provins ;

2° Le sang de rate au point de vue pathologique ;

3° Le sang de rate au point de vue étiologique ou de ses causes ;

4° Le sang de rate au point de vue thérapeutique et prophylactique.

I

L'arrondissement de Provins est situé dans le département de Seine et-Marne à l'est-sud-est, où il termine en s'inclinant vers la Seine les riches plaines qu'on appelle les plateaux de la Brie ; presque exclusivement agricole, l'économie du bétail y est pratiquée sur une large échelle et constitue une des branches lucratives de l'agriculture du pays.

Les relevés statistiques, opérés par les soins de commissions spéciales, ont permis de constater, en 1862, l'existence de 8767 chevaux et juments, de 23,535 vaches et taureaux et de 173,290 têtes de bêtes à laine.

Les pertes annuelles par suite de maladies sont très-grandes parmi ces animaux, et semblent se maintenir dans une moyenne inquiétante.

Elles sont supérieures à celles éprouvées par les autres arrondissements du département ; si l'on doit croire les·renseignements fournis sur cet objet par la Compagnie d'assurances *la Caisse générale agricole*, il n'y aurait que quelques cantons de la Beauce qui lui seraient supérieurs, sous ce rapport.

Depuis 1857, l'autorité supérieure a fait faire un relevé aussi exact que possible du nombre des sinistres dans chaque commune et les a fait évaluer en argent ; on est arrivé aux constatations suivantes :

En 1858, il est mort des bestiaux des trois grandes espèces pour une somme de :   806,734 francs.

> en 1859 -- 923,077 *id.*
> en 1860 -- 457,861 *id.*
> en 1861 - 537,861 *id.*
> en 1862 -- 595,964 *id.*
> en 1863 -- 516,729 *id.*
> en 1864 -- 540,964 *id.*

Ces chiffres considérables n'ont pas été sans éveiller l'attention des administrateurs du département, et à la date du 13 août 1862, Monsieur le Préfet de Seine-et-Marne, dont la sollicitude pour les intérêts de l'agriculture est bien connue, invitait le Comice agricole à lui faire connaître la cause d'une si grande mortalité.

Le Comice crut devoir répondre que la cause principale de la grande mortalité éprouvée dans le pays était attribuée à l'existence d'une maladie très-meurtrière, appelée le sang de rate, sévissant également parmi les trois grandes espèces domestiques, mais surtout sur les troupeaux de bêtes à laine. Il déclara que les 9 dixièmes des sinistres constatés pouvaient lui être rapportés, et que jusqu'ici on n'en connaissait point précisément ni les causes ni les remèdes. On priait instamment M. le Préfet de vouloir bien en faire faire une plus complète étude, et sur place. Ces déclarations d'une assemblée, bien placée pour connaître le véritable état de la question, ne manquèrent pas d'appeler l'attention de l'autorité, car peu après une sorte d'enquête administrative fut ouverte dans toutes les communes de l'arrondissement, à l'effet d'obtenir des renseignements divers sur les maladies régnantes du pays. Cette enquête produisit les résultats déjà signalés par le Comice, à savoir qu'une seule maladie épizootique existait dans la contrée, le sang de rate, et qu'en 1864, date de l'enquête sur 11,895 sujets morts, 11,087 étaient signalés comme ayant succombé à ses atteintes.

Après ces documents, il ne saurait plus y avoir de doute ; non-seulement le Comice agricole et des autorités respectables de chaque commune ont fourni une opinion unanime, mais encore une enquête administrative est venue officiellement confirmer les effrayants ravages du sang de rate.

Au point de vue même de nos idées, il peut être intéressant de rechercher rapidement si cette maladie a de tout temps existé dans nos établissements ruraux, et surtout si elle a constamment sévi avec la même intensité.

D'après les souvenirs des plus anciens cultivateurs, la maladie qui nous occupe aurait existé toujours dans la contrée. Avant l'introduction des prairies artificielles on la connaissait même dans quelques communes du canton de Villers-Saint Georges, bien appréciées déjà par la fertilité de leurs terres et la sécheresse relative de leur sol arable.

On trouve dans les instructions vétérinaires de Chabert et Flandrin quelques faits de maladies observés dans les communes de Villeguy, de Marolles, qui paraissent se rapprocher sensiblement du sang de rate. — Plusieurs autres praticiens, parmi lesquels il faut citer Audoin de Chaignebrun, ont fait connaître une maladie épizootique, qui a frappé les animaux de plusieurs paroisses de la Brie en 1745, qui se rapprocherait par la description qu'ils en ont faite, considérablement du sang de rate.

Tessier, vers la fin du premier empire, alors qu'il était chargé de la direction des bergeries impériales, connut également cette maladie, à laquelle il a donné le nom qu'elle porte aujourd'hui.

Depuis, un certain nombre de vétérinaires, en tête desquels on doit placer M. Delafond, en ont fait une sérieuse étude et en ont publié des relations intéressantes.

S'il est vrai que l'on a observé le sang de rate depuis longtemps dans nos contrées, il est certain qu'il n'a pas toujours eu l'extension qu'on lui reconnaît aujourd'hui. Quelques observateurs pensent que la proportion des victimes n'a pas sensiblement augmenté, qu'elle serait en rapport avec le nombre sans cesse croissant de la population animale. Il paraît difficile, à défaut de termes de comparaison, de contrôler une semblable allégation.

D'autres prétendent, au contraire, que la violence de l'affection a des rapports directs avec une alimentation plus riche fournie par les ressources des prairies artificielles. Ils ajoutent que si aujourd'hui peu d'exploitations rurales sont à l'abri de ses atteintes,—et c'est malheureusement là un fait constant, — cela tient aux diverses améliorations dont les anciens procédés agricoles ont été l'objet, qu'elles aient trait à l'hygiène des animaux ou bien qu'elles se rattachent à l'état hygrométrique du sol, du sous-sol, aux drainages, aux desséchements, aux marnages, etc.

Quoi qu'il en soit, ce qui est positif pour les cultivateurs d'aujourd'hui, c'est qu'il y a quarante ans les gales chroniques, la clavelée, la cachexie aqueuse étaient très-répandues et rebelles, et qu'à cette heure ces maladies ont entièrement disparu et que le sang de rate seul existe.

Les relevés statistiques aussi démontrent surabondamment cette progression. En 1861, sur les 99 communes de l'arrondissement, on l'a signalé dans 74 ; en 1863 dans 68 ; en 1864 dans 91 ; et dans beaucoup d'autres villages, avec un peu plus de précision, nul doute qu'on ne le retrouve encore sous des dénominations mal définies, comme celles de fièvre inflammatoire, maladie inflammatoire, fièvre charbonneuse, etc.

La quantité des sujets morts dans ces dernières années s'élève environ au quinzième de la totalité pour les moutons ; à 3 ou 4 0/0 pour les chevaux et à près de 5 0/0 pour les bêtes bovines.

En résumé, le sang de rate, est la plaie de l'agriculture de notre Brie, c'en est aussi la ruine et presque le désespoir ; car jusqu'ici il laisse chacun sans aucun moyen de lui résister.

Tous les cultivateurs, et même des vétérinaires, paraissent convaincus qu'on ne parviendra jamais à en découvrir ni les causes, ni la guérison. Aussi n'entend-on de toutes parts que gémissements et récriminations. La chose, ainsi qu'elle est, court grand risque de s'éterniser.

Le cultivateur, dans ce cas, nous fait bien l'effet du charretier embourbé de la fable, criant beaucoup et faisant peu pour se sortir d'embarras.

II

PATHOLOGIE.

Le sang de rate des bêtes à laine.

Nous ne nous étendrons point sur cette partie de notre sujet aussi complétement que nous pourrions le faire, d'autres écrivains l'ont traitée de main de maître. Nous insisterons particulièrement sur certains faits généraux caractéristiques, pouvant servir à bien préciser nos idées.

La pathologie du sang de rate du mouton offre à considérer deux ordres de faits : le sujet malade et le troupeau malade.

Nous étudierons d'abord l'individu. — Tous les moutons atteints de sang de rate présentent, à très-peu d'exceptions près, la même physionomie morbide. C'est le même ensemble de symptômes, c'est la même mort foudroyante, ce sont en général les mêmes lésions cadavériques. Aussi les praticiens, les cultivateurs, les bergers eux-mêmes ne se trompent-ils jamais ; ils reconnaissent un mouton malade ou mort de sang de rate, au premier coup d'œil. Ce n'est donc point là que se trouve le côté obscur du problème.

Le mouton pris de sang de rate est saisi comme par un coup de foudre ; aucun signe précurseur ne peut faire prévoir l'apparition prochaine du dérangement qui va le tuer. Nous nous sommes fréquemment attaché à rechercher s'il n'existait point quelques indications soit dans la manière d'être du malade, soit dans l'état de ses muqueuses, du pouls, du flanc, qui puissent mettre sur la voie de l'invasion prochaine de l'affection. L'examen le plus attentif ne nous a jamais rien appris. M. Delafond assure, dans son traité, que les moutons sur le point d'être malades sont plus gais, plus vifs que les autres, qu'ils sautent et cabriolent plus qu'à l'ordinaire ; nous pensons que ce sont là des indices fictifs, nous ne les avons jamais rencontrés.

Le mouton atteint reste en arrière du troupeau, marche lourdement, comme en chancelant ; il cesse de manger, porte la tête très-basse, à moins que l'oppression des organes respiratoires soit telle que l'asphyxie soit imminente, alors il porte le nez au vent, hume l'air avec effort en respirant avec peine.

Si on le saisit il se défend peu, la respiration est agitée, le flanc gauche est souvent ballonné, les muqueuses de l'œil sont injectées vivement, larmoyantes ; le pouls est régulier, petit et très-précipité. Quand le berger n'est pas bien certain de la nature de la maladie du mouton qu'il observe, il le saisit par le bout du museau, ferme ainsi quelques secondes les ouvertures nasales, et presque aussitôt, sollicité par la gêne qu'il vient d'éprouver, l'animal urine ; s'il est atteint du sang de rate l'urine est sanguinolente.

En quelques heures, la maladie arrive ordinairement à son apogée. Alors le sujet est pris de frissons, puis de tremblements généraux. La vue paraît obscurcie, le mouton ne se dirige plus ; il rend par efforts quelque peu d'urine sanguinolente ; les yeux laissent couler des larmes mêlées de sang, la respiration est devenue râlante, les forces s'épuisent, il chancelle, tombe, s'agite et meurt au milieu de violentes convulsions. A ce moment, les ouvertures naturelles, les yeux, les naseaux, le rectum, la vulve laissent presque toujours écouler au dehors une certaine quantité de sang en nature.

Cette scène ne met généralement pas plus d'une heure pour arriver à son complet dénouement ; elle peut durer plus longtemps, il est vrai, mais en revanche, dans les temps favorables au développement de l'épizootie, comme cela se voit pendant les journées orageuses, la mort arrive instantanément, ou met au plus 10 à 15 minutes à se produire.

Aussitôt la mort, le cadavre se ballonne et répand autour de lui une odeur prononcée de putréfaction. Les parties dépourvues de laine, comme les avant-bras, le plat des cuisses, le pourtour des ouvertures naturelles, les mamelles, revêtent une couleur violacée, noirâtre. Il n'est pas douteux, si la peau se trouvait partout libre, qu'on vît, comme chez les cholériques, de ces larges traînées livides qui caractérisent si bien la période de cette affection qu'on appelle la cyanose.

A l'ouverture du cadavre, l'observateur est frappé de l'état congestionnel du système des vaissaux capillaires en général. Ceux de la partie vivante du derme, du tissu cellulaire sous-catané sont devenus très-apparents ; ils sont gorgés de sang noir et épais. Ce sang colore fortement la peau en rouge brun, après sa dessiccation ; c'est même là une particularité qui permet de reconnaître avec certitude le genre de mort d'un mouton, à la seule inspection de cette partie du cadavre.

Les parties musculaires du corps sont vivement colorées en rouge brun ; elles laissent suinter du sang épais, poisseux, à la moindre entamure.

Les ganglions de l'aîne, ceux de la région cervicale, de l'entrée du thorax sont tuméfiés et noirs ; le tissu cellulaire qui les environne est infiltré de sérosité sanguinolente. On rencontre assez souvent autour du cou, aux flancs, des tumeurs sanguines d'un volume considérable.

L'abdomen renferme dans sa cavité un épanchement sero-sanguin de plusieurs décilitres ; les veines des mésentères sont particulièrement apparentes, à cause du sang noir dont elles sont remplies.

L'intestin grêle est le plus souvent seul, de la masse intestinale, le siège de congestions violentes ; on trouve fréquemment dans son intérieur un épanchement sanguin plus ou moins important.

La rate présente un volume double ou triple de celui qu'elle a dans l'état normal ; elle est flasque, facile à déchirer, et sous sa capsule séreuse renferme une bouillie noire et fluide comme de la poix en fusion ; elle est dans un état complet de désorganisation.

Les reins sont congestionnés, ce qu'annonce la vivacité de

leur coloration et leur volume. La vessie est rarement in-
jectée, seulement les gros vaisseaux qui la sillonnent sont très-
apparents et pleins de sang. On trouve assez souvent du sang
épanché dans la cavité de ce réservoir.

Le foie est plus volumineux qu'à l'état normal, il est assez
souvent décoloré et très-friable.

Les poumons sont rarement le lieu d'élection de congestions
ou plutôt d'engouement sanguin. Les bronches renferment
des mucosités mêlées de sang.

La substance du cœur est rouge et sanglante, les vaisseaux
propres de cet organe sont pleins de sang. On ne trouve guère
de liquide dans ses cavités ; quelques caillots seulement se
rencontrent dans le côté droit. La membrane intérieure est
imprégnée d'une couleur brune foncée, il en est de même de
la même partie des gros troncs veineux.

Les enveloppes du cerveau sont arborisées par les nombreux vaisseaux qui les parcourent. Tous les réseaux vasculaires, les sinus veineux sont remplis de liquide sanguin
noir.

Lorsqu'on saigne un mouton malade de sang de rate, à une
des grosses veines du corps, à la jugulaire par exemple, le jet
liquide est peu fort, il a l'apparence d'un écoulement huileux.
Le sang est noir brun, épais comme du sirop ; recueilli dans
un vase long, il se coagule lentement ; le sérum se sépare rapidement : il y en a ordinairement fort peu. Si avec quelques
brins de balai on fouette ce sang, on ne recueille que quelques
filaments fibrineux rares. Plus on examine ce liquide près de
la mort du sujet, moins on y découvre de sérum et plus il est
noir et plastique. Exposé à l'air il ne tarde pas à se décompo-
ser, en répandant une odeur prononcée de putréfaction.

— L'ensemble des lésions cadavériques démontre clairement
que la plus grande partie de ces désordres ne sont que des
phénomènes physiques d'hémostase, opérés pendant la vie
même du malade. Le plus saisissant est certainement cet état
congestionnel des capillaires veineux que nous avons déjà signalé ; état passif, conséquence de l'affaissement profond de
tout l'organisme, et qui devient par suite l'origine des nombreuses lésions des principaux organes les plus vasculaires,
comme les tuméfactions des muscles, les colorations et les
taches de la peau, les épanchements dans les organes creux,
les suffusions, les hémorragies, etc., etc.

Nous allons maintenant examiner la marche que suit la maladie lorsqu'elle exerce ses sévices dans un troupeau.

Toutes les fois que la température ne s'éloigne pas sensiblement de l'ordinaire, soit en plus ou en moins, dans la plupart des fermes réputées fertiles, le sang de rate fait une apparition annuelle à peu près à la même époque. Il commence à se montrer après la mise au parc, quelque temps après la tonte. Nous avons vu plusieurs fois à cette époque de l'année, c'est-à-dire vers la mi-juin, des troupeaux presque complétement détruits. Nous citerons entre autres un fait : à Maréchal de Luboin, où 215 têtes de bêtes à laine sont mortes dans l'espace de 8 à 9 jours, il en mourait jusqu'à 35 par jour. Ceci se passait vers la première quinzaine de juin 1855. Ces faits si graves sont heureusement rares.

C'est ordinairement plus tard, dans les mois de juillet, août, que le sang de rate sévit d'une manière générale sur les troupeaux. Dans une agglomération de 350 à 400 sujets, il en périt assez ordinairement de 4 à 15 par semaine ; lorsque la maladie acquiert une grande violence, il n'est pas surprenant de voir mourir 5, 6, et jusqu'à 10 bêtes par jour. Les animaux succombent tout autant la nuit que le jour.

Il se manifeste dans le cours de l'enzootie des instants de calme de 8 où 15 jours de durée au plus, puis la mortalité revient comme ci-devant. Une température élevée, orageuse, coïncide assez souvent avec une vive recrudescence.

De toute la saison chaude, septembre est le mois le plus funeste aux moutons, surtout si la campagne a été très-sèche.

Ordinairement avec les fraîches nuits d'octobre, avec les brouillards, les pluies, les premières gelées, le sang de rate perd de son intensité. La Saint-Martin le voit assez souvent disparaître tout à fait. Nous devons ajouter cependant qu'il n'en est pas toujours ainsi ; nous avons vu dans bon nombre de circonstances la mortalité se continuer, même en plein hiver, et ne point cesser pour ainsi dire d'une année à l'autre. A ce fait, en apparence contraire à la marche ordinaire de la maladie, il y a une explication facile : la contagion, résultat de l'infection des habitations, est devenue la cause la plus directe de la persistance du mal et de sa propagation.

Les animaux qui sont les premières et aussi les plus nombreuses victimes dans le troupeau sont les agneaux gris, les

antenois, ou gandins ; quand le sang de rate est dans sa plus
grande violence, il ne paraît plus exister de privilége, les
individus de tout sexe, de tout âge, succombent indifférem-
ment. Nous voyons assez souvent mourir de cette affection des
agneaux blancs non sevrés. M. B...., cultivateur intelligent,
à H...., a perdu en 1859 deux brebis qu'il conservait depuis
11 à 12 ans. L'embonpoint ne paraît pas davantage être une
condition particulièrement favorable à l'éclosion du mal ; un
fermier de M...., en 1850, avait placé en pâture de jour
et de nuit, son troupeau envahi par le sang de rate dans des
prairies basses et humides, provenant d'anciens étangs desséchés, la pourriture ne tarda point à se déclarer, et les moutons
ainsi malades succombaient encore en présentant les signes
particuliers au sang de rate.

Lorsque cet affreux mal a une fois fait sa première apparition, on doit s'attendre à son retour périodique ; c'est ce qui
s'observe généralement dans la plupart des fermes aujour-
d'hui.

On ne tient pas suffisamment compte des dangers de la
transmission, pas plus qu'on ne se préoccupe de désinfection.

D'ailleurs chacun paraît résigné, et s'attend à payer son
tribut annuel ; quand la mort n'atteint que 30 ou 40 têtes de
bétail dans un troupeau de 3 à 400 sujets, on ne se plaint
point ou guère.

Depuis quelques années, l'importance des sommes ainsi
perdues a obligé quelques cultivateurs à avoir recours au
commerce, à la spéculation, pour atténuer le plus possible leurs
désastres. Ils renouvellent deux à trois fois l'année leurs animaux : ils évitent assez souvent ainsi les grandes mortalités,
mais à quelles conditions !.. il ne leur est plus possible de songer
à faire naître, encore moins à réaliser quelques améliorations.

III

LE SANG DE RATE DES BÊTES BOVINES

A part quelques faits clair semés de pleuro-pneumonie con-
tractés par contagion, quelques autres faits de phthisie, il n'y
a que peu ou point d'autres maladies mortelles pour les
vaches, que le sang de rate dans l'arrondissement. Nous
avons déjà eu occasion de mentionner que les plus récentes
statistiques signalaient une proportion d'environ 5 0/0 de

perte. Ce chiffre est actuellement au-dessous de la moyenne.

— La vache malade de sang de rate présente des signes maladifs qui ont beaucoup d'analogie avec ceux que l'on retrouve chez la bête à laine. Ce que l'on observe d'abord, c'est la perte complète de l'appétit ; les aliments les plus attrayants sont absolument refusés ; en même temps, chez les vaches à lait, la sécrétion laiteuse cesse complétement, ce qui ne se remarque autant dans aucun autre cas. La rumination ne s'effectue pas davantage ; on rencontre quelquefois un peu de tympanite, mais plus souvent une très-grande flaccidité du flanc gauche. Les déjections rectales sont molles, diarrhéiques, ordinairement striées de sang coagulé. D'autrefois ces mêmes matières sont liquides, rouges, et rejetées en abondance.

La vache malade piétine des membres postérieurs, elle annonce des souffrances intestinales ; sa marche est peu assurée, elle chancelle même ; il y a prostration et adynamie. On voit des frissonnements dans les muscles des fesses et aux coudes ; des contractions profondes et répétées resserrent les régions musculaires de l'encolure et des épaules. Les flancs, au début de la maladie, ne sont que peu ou point agités, du moins il serait difficile d'en tirer quelques indices certains. La colonne vertébrale est très-sensible. Le muffle est sec, chaud ; les yeux sont larmoyants, les conjonctives vivement colorées d'un rouge plombé ; les petits vaisseaux capillaires sont gorgés de sang et saillants.

— Le pouls à l'artère glosso-faciale est petit, faible et agité, le pouls veineux est très-apparent à la jugulaire. Les bruits normaux du cœur ne sont pas toujours augmentés.

Les urines sont rouges, plus ou moins mêlées de sang.

Au début de l'affection, il n'est pas toujours facile de la reconnaître d'une manière très-précise ; tous les symptômes que nous venons d'énumérer n'existent pas toujours en même temps ni ne sont pas toujours parfaitement distincts ; les erreurs de diagnostic sont faciles.

Quelques heures après la première période, il est impossible de se tromper. La faiblesse domine le sujet malade, qui peut à peine se tenir debout ; il se couche, et reste longtemps dans cette position ; on éprouve même de la difficulté à la lui faire quitter ; ses flancs sont agités, la respiration est bruyante, nasale, haletante. Le pouls est devenu à peine sensible, les yeux revêtent une couleur lie de vin, le cœur a des mouvements tumultueux. Le corps est d'un froid glacial. Enfin le sujet se livre à des mouvements désordonnés, il se plaint, fait même entendre des beuglements sinistres, contracte ses membres, jette violemment la tête sur les côtés, se débat au milieu des plus grandes souffrances ; il expire.

La durée de la maladie varie de 12 à 36 heures ; dans certains cas la mort est instantanée, nous avons vu des vaches périr aux champs en moins d'une heure.

Comme chez le mouton, la saignée tue la bête bovine pendant qu'on la pratique. Comme chez lui aussi, le sang extrait est d'autant plus noir que l'animal est plus près de sa fin. On y trouve également peu de partie fibrineuse. Le sang ne se coagule qn'avec beaucoup de lenteur ; dans beaucoup de cas il reste fluide.

Quelques instants après la mort, le cadavre se météorise d'une matière extraordinaire ; des matières spumeuses sanguinolentes sont rendues par les ouvertures nasales. Du sang en nature s'épanche par le vagin, par le rectum ; la muqueuse de ces organes reflète une teinte rouge livide. Les mamelles sont parcourues par de longues traînées noirâtres violacées.

Lorsqu'on a enlevé le derme, ce qui frappe c'est ce même engorgement sanguin des petits vaisseaux capillaires, dont nous avons déjà signalé l'existence chez la bête à laine. Nous avons vu, dans certaines autopsies, la peau dans sa partie muqueuse être presque entièrement recouverte de taches hémorrhagiques, de largeur et de volume pouvant varier entre un pois et une noisette.

Dans les grandes cavités splanchiques et dans l'abdomen en particulier, on retrouve le même ensemble de lésions que dans l'autopsie du mouton. C'est un épanchement séro-sanguin dans l'abdomen, c'est l'engouement des vaisseaux mésentériques ; ce sont les ganglions mésentériques gros et noirs ; ce sont les épanchements sanguins opérés dans la cavité de l'intestin grêle, c'est le volume de la rate qui est 3 ou 4 fois celui de l'état de santé. Les reins sont aussi volumineux et remplis de sang, et la vessie se montre striée de vaisseaux gorgés de liquide sanguin foncé.

Les poumons sont rarement le siége de lésions graves. Le cœur ne renferme que peu de sang, il a sa membrane interne imprégnée de la couleur du sang, comme l'est aussi celle des gros vaisseaux voisins.

La plus grande ressemblance paraît donc se rencontrer également dans les lésions du cadavre de la vache et de la bête à laine ; il nous semble qu'on ne saurait conserver de doute sérieux sur l'identité de l'affection dans les deux espèces.

— Le sang de rate des animaux de l'espèce bovine ne suit pas une marche parfaitement semblable à celle qu'il affecte dans les troupeaux. Cette différence s'explique par le plus petit nombre des sujets de la première de ces espèces, et aussi par les soins beaucoup plus particuliers dont ils se trouvent sans cesse entourés. La maladie devient rarement épizootique, elle frappe presque toujours ses victimes isolément ; il est rare qu'on voie deux morts ensemble dans la même étable. Il y a des exceptions cependant ; ainsi, dans les premiers jours de décembre, nous avons été témoin d'un fait extraordinaire de ce genre : huit vaches et un taureau sont morts en 48 heures. Ici la contagion a évidemment joué son rôle, on n'en saurait douter, car six de ces malheureux animaux ont été frappés à côté l'un de l'autre.

Les manifestations habituelles du sang de rate des vaches sont celles d'une véritable enzootie : on la voit à peu près en toutes saisons. Pourtant, la fin de l'été, l'automne, le commencement de l'hiver sont ses époques de prédilection. Comme pour cette même affection du mouton, les temps orageux, chauds, les sécheresses prolongées, paraissent favoriser son extension.

On remarque que les sujets qui y sont le plus prédisposés sont les taureaux jeunes, ceux nouvellement importés des pays d'élève ; les génissons, depuis 15 jusqu'à 36 mois ; les jeunes vaches normandes, pendant les premiers temps de leur séjour nouveau, jusqu'à ce que leur acclimatation soit complète. La difficulté de conserver ces derniers animaux est si grande que, pour obvier à cet inconvénient, plusieurs cultivateurs que nous connaissons ont pris la détermination de faire naître. On croit avoir remarqué qu'avec ce système la proportion des sinistres est un peu moins élevée. Mais, d'un autre côté, nous croyons que cette manière de faire ne doit pas être encouragée ; les vaches du pays sont beaucoup moins laitières que les cottentines, et de plus d'une dégénérescence facile ; pour une localité où l'industrie du lait est d'une importance première, c'est là un sérieux motif d'opposition.

Nous venons de dire que le sang de rate est de toutes les

saisons ; nous pouvons ajouter qu'il est de toutes|les cultures, petites et grandes. Dans les villages où la terre est très-morcelée, on observe tous les ans une assez grande proportion de sinistres. Il est bon d'ajouter que les troupeaux à laine n'étant pas possibles dans ces localités, le nombre des animaux de l'espèce bovine, relativement à la même quantité d'hectares en culture, est beaucoup supérieur à celui des contrées de grandes exploitations.

IV

LE SANG DE RATE DU CHEVAL

Ce que nous appelons le sang de rate du cheval est la maladie que dans la contrée on appelle le *sang, maladie de sang, maladie inflammatoire*. C'est l'affection que Chabert désigne dans ses instructions vétérinaires sous le nom de *fièvre charbonneuse*, et que les auteurs modernes reconnaissent sous la désignation de charbon. Dans l'armée, on observe une maladie dont le cachet dominant est l'altération du liquide sanguin ; nous avons plusieurs raisons de croire que cette affection, qu'on distingue par la qualification de fièvre thyphoïde, a plus d'un point de ressemblance avec le sang de rate des chevaux de l'agriculture.

Quoi qu'il en soit, nous avons la plus entière croyance que le *sang* du mouton, de la vache et du cheval, dans nos contrées agricoles, ne sont qu'une seule et même maladie, ayant pour cause le même agent morbide, offrant le même cortége de symptômes, se traduisant par les mêmes lésions cadavériques, et procédant chez tous d'une altération identique du liquide, circulatoire. S'il existe quelque dissemblance, soit quant à la durée de l'affection, soit dans la physionomie mieux caractérisée de quelques lésions, soit dans le plus ou moins de bonnes chances de guérison — priviléges exclusifs du cheval, — il convient de les rapporter à la plus grande résistance organique des sujets de cette espèce.

Les premiers indices accusateurs du sang de rate chez un cheval ne sont pas toujours non plus faciles à discerner. Un ensemble de symptômes vagues, caractérisant une prostration générale, un profond affaissement de toutes les forces organiques et de celles de relation, domine sans préciser un trouble ou quelque dérangement dans un système d'organes.

Le malade est triste, faible, chancelant, dans un état continuel d'instabilité ; il fait ce que l'on nomme vulgairement
la jambe de chien.

Le pénis est à moitié pendant ; les crins s'arrachent à la
plus petite traction, le rein est souple, les fonctions digestives
et intestinales paraissent se bien exécuter ; par exception, on
voit le malade être affecté de diarrhée liquide, parfois colorée
par du sang ; ces cas sont très-graves. Le désir de manger est
quelque peu conservé, mais il est bien peu prononcé.

L'acte respiratoire s'opère sans indiquer que les organes
thoraciques soient le siége d'aucune lésion ; point de toux,
point de râles, point de bruits exagérés du cœur ; le cheval
urine plus souvent qu'à l'ordinaire, le liquide rejeté est comme huileux, et verdâtre.

Les muqueuses apparentes sont injectées d'une couleur
terne, jaunâtre ; les praticiens disent communément des
yeux, quand ils sont ainsi, qu'ils sont *gras*. Le pouls est précipité, 45 à 55 pulsations ; il est faible, mou. Le sang, extrait
de la jugulaire, s'en échappe sous la forme d'une colonne
arrondie, huileuse, si on peut parler ainsi ; il a une couleur
brune comme du jus de pruneaux. Dans un verre, il se sépare
rapidement en ses éléments solides et liquides, il met un
temps double de l'ordinaire à se coaguler.

Dans une phase suivante, tous ces symptômes prennent de
l'exagération. Des essoufflements profonds, bruyants, apparaissent par intermittence. Le malade hennit involontairement, crispe en haut la lèvre supérieure. Il se campe souvent pour uriner et ne rejette, après plusieurs efforts, qu'un
peu d'urine sanglante.

Plus tard enfin, la faiblesse augmente, devient extrème ; le
sujet est tout à fait chancelant ; il porte la tête vers les flancs,
se couche avec des signes de violentes coliques, respire
bruyamment, et fait connaître par ses efforts la véritable
strangurie qu'il éprouve.

A cet instant, les muqueuses apparentes sont cyanosées ; le
pouls est devenu inexplorable, le cœur bat avec violence ;
une sueur glacée inonde toute la surface du corps ; la mort est
proche.

La durée de la maladie est subordonnée à sa violence ; c'est
ainsi que nous avons pu voir des chevaux mourir dans les
traits, pendant le travail, tandis que le plus souvent elle

met 2, 3, 4 et même 5 jours pour arriver au même point.

Les investigations cadavériques démontrent encore ici que, chez le cheval comme chez les autres espèces, les principaux désordres pathologiques se retrouvent dans l'ensemble de la circulation et dans les organes les plus vasculaires. — Les capillaires sont partout gorgés de sang noir et poisseux ; là, où il n'ont su résister à la pression de la colonne sanguine, ils se sont déchirés et ont donné occasion à des épanchements sanguins souvent considérables.

Dans l'abdomen on trouve toujours une quantité de plusieurs litres de sérosité rouge, des tuméfactions séreuses jaunes ; des épanchements analogues environnent les reins, les ganglions, les vaisseaux des gros réservoirs intestinaux.

Entre les deux lames du péritoine qui forment les mésentères, on trouve très-souvent de très-grosses tumeurs sanguines ; on en trouve aussi entre la séreuse et la musculeuse du côlon, du cœcum. La rate est souvent triplée en volume ; les reins sont congestionnés.

Le cœur droit renferme seul quelques caillots peu consistants. La substance de l'organe est molle et friable. L'intérieur des gros vaisseaux est coloré en rouge brun.

Le sang, recueilli dans un verre allongé, revêt une couleur brune ; il est peu plastique et se sépare promptement ; on y trouve peu de fibrine, peu ou point de sérum au moment de la mort ; ce dernier semble avoir filtré partout à travers les membranes vasculaires pour donner au sang sa consistance sirupeuse et former les œdèmes extérieurs et les épanchements cavitaires que l'on rencontre. Vers la fin de la maladie, l'atonie de tout l'organisme est telle, que la contractilité organique, la tonicité fibrillaire dont sont doués les tissus contractiles ne se fait pour ainsi dire plus sentir. C'est par cette raison que le sérum s'épanche si facilement, et si même on fait à la peau une entamure qui l'intéresse dans toute son épaisseur, il en résulte une hémorragie passive difficile à combattre. Nous avons été nombre de fois à même d'observer ce fait, en plaçant des sétons ou même en pratiquant de simples mouchetures.

Le sang de rate, chez les chevaux, se montre presque toujours par cas isolés, sévissant en toute saison, particulièrement cependant dans les mois de septembre, octobre, à la fin des grandes sécheresses. Nous ne lui avons jamais vu cette

allure des épizooties signalées par Chabert, par Gilbert, Delafond, Renault et autres. Nous avons eu sous les yeux quelques
rares exemples d'écuries entières visitées par le fléau. En
1859, un cultivateur de V...., M. M...., vit ses 11 chevaux
successivement atteints de fièvre charbonneuse, tandis que
ses plus proches voisins n'avaient pas un seul malade. A la
fin de l'été de cette même année 1859, nous avons observé
un signe maladif, commun à presque tous les chevaux de la
grande culture, indiquant l'effet d'une cause morbide, commune et générale; les muqueuses apparentes, celles des conjonctives notamment, étaient couvertes de taches pétéchiales
parfois très-étendues; l'affection du sang de rate était fré-
quente et meurtrière. A cette époque, une des plus sèches dont
on ait eu connaissance à Provins, régnait dans la basse ville,
dans le quartier des Marais, une sorte d'épidémie de pustules
malignes non malignes, chez les ouvriers. Nous signalons cette
coïncidence à ceux qui désireraient éclairer l'origine encore
obscure de tous les cas de cette grave affection de l'espèce
humaine.

Il est d'observation qu'on rencontre toujours plus de sang
de rate chez les chevaux de grande culture que chez les
autres. Les premiers reçoivent une beaucoup plus forte
ration en avoine et en fourrage et travaillent beaucoup
plus. Y a-t-il, dans ces conditions différentes d'alimentation, des motifs étiologiques vraisemblables? Nous ne serions
pas éloigné de le croire.

Les jeunes chevaux de travail, depuis l'âge de quatre ou
cinq ans, sont plutôt atteints que les poulains et les chevaux,
depuis dix ans. On croit dans nos contrées que les chevaux,
hongres, ceux qui proviennent du Nord de la France, de la
Belgique, de la Prusse rhénane y sont aussi plus prédisposés
que ceux venant du Perche, de la Normandie ou du Morvan.
Sans ajouter à cette manière de voir une confiance absolue,
nous dirons cependant que les animaux dont il est question
sont beaucoup plutôt usés que les derniers, et plus impression-
nables par toute espèce de cause de dérangement.

Le sang de rate du cheval se présente très-rarement à l'observation, avec ces tumeurs extérieures dont les anciens auteurs font mention d'une façon si particulière. A entendre ces
écrivains, l'apparition de ces efflorescences, qu'ils nomment des
crises heureuses, serait d'un excellent augure pour les suites

de l'affection. Contrairement à cette opinion, nous avons constamment vu ces éruptions prétendues être le signe certain d'une situation sans espoir. La théorie de leur formation ne nous paraît nullement s'éloigner de celle qui permet d'expliquer les taches de sang, les suffusions et les hémorragies internes ; ce sont tout simplement des tumeurs sanguino-séreuses, résultat de filtrations ou de déchirures de vaisseaux capillaires, survenues par suite de la fluidité du sang dans les parties du corps les plus pourvues de vaisseaux, ou les moins protégées.

On peut se rendre compte par le même raisonnement de la formation des œdèmes froids qui apparaissent à certaines régions, au cou, aux flancs, aux membres, et qui arrivent, en gagnant les parties déclives du corps, à acquérir un volume extraordinaire. C'est toujours ici comme dans les formes les plus fréquentes du sang de rate, l'état de maladie du sang qui est le point de départ de ces œdèmes. C'est une forme du sang de rate, une variété, si l'on veut, mais dont la cause est la même. D'ailleurs les chevaux qui y succombent présentent, dans les derniers temps de leur existence, les symptômes les plus caractéristiques du sang de rate que nous avons décrit, c'est-à-dire les essoufflements intermittents, les coliques, la strangurie et les évacuations urinaires sanguinolentes.

Du reste, pour nous, le sang de rate est le type le mieux caractérisé de ce groupe d'affections dont le caractère spécial et tranché est l'altération du liquide sanguin. Ainsi, ce que l'on appelle la jaunisse ou maladie jaune, l'anémie ou maladie blanche, les œdèmes généraux ou la tourte, le charbon extérieur, sont autant de maladies qui dérivent du même principe morbide que le sang de rate commun ou fièvre charbonneuse.

V

NATURE DU SANG DE RATE

Lorsqu'on a suivi jusqu'à la mort et jusque dans les débris du cadavre, un nombre un peu important de victimes du sang de rate, il nous semble qu'on doit rester persuadé que chez l'une comme chez l'autre espèce d'animaux cette maladie est une, c'est-à-dire que le germe morbide qui l'engendre chez les uns est de même nature que celui qui lui donne naissance chez les autres.

On ne saurait contester cette identité devant l'évidence des faits accusant une aussi frappante analogie de symptômes, de marche, de terminaison et de lésions pathologiques. Si nous avons pu faire saisir les traits les plus saillants de la physionomie complète de cette affection, on les retrouve incontestablement chez les malades dans les trois espèces.

Partout on observe cette prostration, sorte d'atteinte portée instantanément aux sources de la vie, qui frappe comme d'inertie absolue le jeu et les fonctions de tous les organes.

Chez tous les malades se manifeste ce ralentissement caractéristique de la circulation capillaire, signalé également chez tous par l'engorgement des derniers vaisseaux et par la coloration violacée à laquelle il donne lieu.

Enfin, autre caractère saillant et général : la séparation rapide des éléments solides et liquides du sang, cause des divers désordres anatomopathologiques reconnus. Tableau commun, retrouvé chez tous et pour ainsi dire toujours, à part quelques nuances secondaires sans influence, qu'il convient de rapporter à des différences de structure, et qui ne peuvent en rien modifier ou infirmer le caractère bien similaire des événements dominants.

Nous avouons n'avoir point étudié la composition intime du sang malade, nous ne pouvons donc point arguer de nos recherches pour compléter notre comparaison, mais l'examen physique et hématométrique de ce liquide milite considérablement, ce nous semble, en faveur de l'opinion que nous soutenons.

Dirons-nous, enfin, que le sang de rate sévit sur tous les animaux placés dans des conditions domestiques analogues, dans les mêmes lieux, dans les mêmes saisons, sous la pression des mêmes conditions atmosphériques? Nous aurons alors réuni, groupé les arguments les plus solides, à notre avis, pouvant servir à démontrer l'unité du sang de rate chez tous les grands animaux omestiques.

On a prétendu que cette unité n'existait point : que, chez le mouton, c'était une *pyrexie sui generis*. D'autres écrivains sont convaincus que, à tous ses états, le sang de rate est toujours une pléthore franche ; mais autre chose est le *gros sang* et le sang de rate, et, dans la première de ces situations, où le sang riche et fibrineux fait irruption par suite du trop plein de ses conduits, on est bien éloigné de trouver les signes maladifs et

l'état de fluidité du sang dans le sang de rate. Certains vétérinaires croient qu'il est possible de distinguer trois ou quatre
espèces de sang de rate. Ces distinctions sont spécieuses ; en
cherchant à les établir, on a ou mal vu, ou trop rapetissé le
champ de ses observations.

Si le sang de rate est une affection commune aux grands
herbivores, quelle est sa nature, dans quelle partie de la
nosologie vétérinaire convient-il de le placer ? Nous croyons
qu'il ne sera complétement satisfait à cette question que
lorsque l'on possédera une étude comparée du sang des malades, d'après les analyses chimiques et d'après les investigations du microscope.

On est longtemps resté dans l'incertitude faute d'une connaissance suffisante du sujet. M. Delafond, un des premiers
vétérinaires qui s'est sérieusement occupé du sang de rate,
avait d'abord émis l'idée que cette affection devait être consi-
dérée comme franchement inflammatoire. Son traité de 1844
sur les bêtes à laine, et son Mémoire sur la maladie de sang des
bêtes bovines en font foi. Mais, plus tard, des médecins et
des vétérinaires du département d'Eure-et-Loire ayant, par
des expériences concluantes, démontré la possibilité d'ino-
culer le sang de rate, M. Delafond dut revenir sur sa première
idée et se rallier à celle des expérimentateurs précédents, qui
tendait à le faire considérer comme une variété des maladies carbunculaires.

Il y a, malgré cela, encore des vétérinaires qui persistent à
penser qu'en général il convient de regarder la maladie du
sang de rate comme une affection où le sang est trop riche et
où son altération septique est l'exception.

Dans nos campagnes, on rencontre beaucoup de gens qui
partagent cette croyance et qui, quoique sachant par expérience l'inutilité et même le danger des saignées, les préconi-
sent, soit comme un remède, soit comme un moyen de pré-
servation.

D'après des communications récemment adressées à l'Aca-
démie des sciences, il résulte que l'on trouve, au microscope,
dans le sang des malades de sang de rate, une quantité considérable d'entozoaires de la nature des bractéréïdes. M. Delafond entrevit un des premiers cette découverte ; il avait remarqué, depuis longtemps, que, autour des globules du sang
malade, existait une sorte de disposition étoilée qu'il appelait

baguettes charbonneuses et dont il faisait un caractère distinctif des maladies de cette nature.

Cette découverte inattendue nous paraît appelée à jeter un jour nouveau sur la nature de l'altération intime du sang de rate et même sur les causes déterminantes de cette altération. Si, par exemple, aux renseignements fournis par l'état physique de ce liquide, c'est-à-dire à sa couleur brune, à la dissociation si facile de ses éléments, à sa presque complète défibrination, à sa facile et très-rapide putréfaction, on ajoute la présence, — pendant la vie, — de microzoaires en nombre prodigieux, ne peut-on pas être amené à conclure que, puisque on a sous les yeux les phénomènes caractéristiques d'une fermentation putride, ce sang vicié a dû, du vivant même du sujet dont il provient, subir les effets dûs à la présence d'un ferment putride ?

Parmi les auteurs modernes, quelques-uns croient que le sang de rate est une affection de nature spécifique, c'est-à-dire qu'elle a pour cause un virus et qu'elle est inoculable. D'autres, se basant sur ce fait, — mis au jour par les expériences de Dupuy et Barthélemy (1), — à savoir : qu'il est possible de faire naître, dans un organisme sain, une affection ayant, par ses symptômes et surtout par ses lésions, la plus frappante analogie avec les maladies charbonneuses, en y introduisant des matières animales en voie de putréfaction, sont disposés à contester cette vertu spécifique reconnue par les premiers ; ils admettent tout simplement que le genre d'altération dont le sang est le siége est la conséquence d'une fermentation putride qui s'y est développée sous la pression des conditions antihygiéniques nécessaires à son éclosion.

Il ne nous appartient pas de résoudre la difficulté qui divise ainsi les observateurs. Les médecins et les vétérinaires ne semblent pas d'accord sur la cause des maladies spécifiques. Les premiers ne croient pas à la spontanéité des affections de ce genre, tandis que les seconds, d'accord en cela avec les faits, s'efforcent de démontrer que la morve, par exemple, naît tous les jours de conditions domestiques vicieuses, et qu'il n'est point du tout et toujours nécessaire, pour la voir se développer, que la contagion ait pu se produire. D'où on pourrait tirer cette conséquence que le sang de rate pourrait

(1) Alfort, 1821, Compte-rendu de l'École.

être virulent, et ne pas reconnaître en tous les cas pour cause
un virus.

La science, elle-même, ne paraît pas très-concluante dans
la distinction à faire des ferments des virus et des miasmes.
Ce qui semble ressortir des recherches récentes sur ce sujet,
et c'est, suivant nous, un point important à connaître, c'est que
ces divers agents encore mystérieux seraient doués de certaines propriétés, comme de vivre, de se reproduire avec une
remarquable facilité et aussi, par conséquent, de pouvoir être
détruits.

La question de savoir si le sang de rate est une maladie
spécifique dans le sens entendu par les médecins, ou bien une
affection occasionnée par des émanations miasmatiques, ou
bien le résultat d'une fermentation putride, à cause même de
cette divergence d'opinions plus haut signalée, reste donc
jusqu'ici irrésolue et de nouveau soumise à l'étude des faits.

Nous ne voudrions point trancher une difficulté au-dessus
de nos forces, et pourtant notre expérience nous porte à considérer le sang de rate comme tenant à la fois de tous ces états.
Notre croyance est qu'il procède d'une fermentation, se propage par les miasmes volatils et est susceptible d'être inoculé.

Nous avons dit plus haut les raisons qui pouvaient nous
faire croire que l'état de maladie du sang était le résultat d'une
fermentation putride.

En second lieu, il est démontré pour nous que le séjour des
malades et des morts établit un foyer pernicieux pour les
animaux sains, comme le dénotent surabondamment les nombreux faits de contagion qu'il nous a été donné d'observer, et
dont nous ferons connaître quelques-uns plus loin.

Enfin, il n'est pas moins certain que l'on peut transmettre
le sang de rate par l'inoculation directe, puisqu'il a été fait sur
ce sujet une suite d'expériences on ne peut plus concluantes.

Donc, et pour nous résumer, le sang des animaux affectés
de sang de rate nous semble présenter les plus manifestes
tendances à la décomposition putride, et jouir ainsi des caractères propres aux produits résultant de l'action d'un ferment
de cette nature.

La même maladie se transmet par l'air, par le moyen d'émanations miasmatiques infectieuses échappées des malades,
des morts ou de leurs débris ; et, de plus, elle se transmet
par l'inoculation. Nous ne croyons donc point trop nous

avancer en disant qu'elle procède d'une fermentation, qu'elle se propage par des miasmes, enfin qu'elle est inoculable.

VI

ÉTIOLOGIE.

Dans cette partie de l'étude du sang de rate, se présentent à examiner deux ordres de causes :

1° La cause directe de l'état maladif et de la mort, que nous nommerons cause prochaine ;

2° Les causes éloignées ou prédisposantes.

Relativement à la première, nous croyons avoir démontré qu'elle résidait dans une altération bien connue, bien incontestable du liquide sanguin, à laquelle il convenait de rapporter tous les désordres fonctionnels observés pendant la vie dans l'état de maladie, et ceux organiques découverts dans le cadavre. Nous n'insisterons donc pas davantage sur ce point.

Si cette première cause paraît ainsi bien éclaircie, est-il aussi facile de déterminer par suite de quelles influences éloignées, prédisposantes, cette forme d'altération du sang a pu progressivement se développer? La réponse est loin d'être satisfaisante.

Disons tout d'abord que l'on ne paraît rien savoir de précis à cet égard. Les opinions émises sont nombreuses et contradictoires. Tandis que les uns attribuent la naissance du sang de rate à une riche alimentation, à des excès de régime, on entend les autres déclarer qu'il convient de chercher, dans une excellente nourriture, dans l'usage des toniques, des boissons ferrugineuses, le moyen de le combattre. Il y a des vétérinaires qui admettent que cette maladie est due à des émanations terrestres d'une nature pernicieuse. Des bergers ont la croyance qu'il se trouve dans les herbes des pâturages des plantes dont l'usage aurait la vertu de faire mourir les moutons de cette affection, et, à l'appui, ils citent des contrées de leurs parcours qu'ils ne peuvent fréquenter sans y laisser quelques victimes.

La plupart des cultivateurs sont convaincus que l'usage des prairies artificielles, de la luzerne, du trèfle surtout, est une cause directe et puissante du sang de rate. Ils se persuadent que les engrais artificiels, le plâtre, en raison de l'effet

stimulant qu'ils opèrent sur la végétation, sont également re-
doutables au même point de vue.

Il y a tel observateur qui prétend que les sols argileux humides ont le privilége d'être visités par les affections charbonneuses, tandis qu'un autre accorde cette propriété aux terrains secs et calcaires.

On a invoqué l'insalubrité des logements des animaux, leur
disposition vicieuse, le voisinage des fosses à purin, l'usage
d'eaux mauvaises et corrompues, etc., etc. L'énumération
des diverses causes, dût-on se borner à celles seulement con-
signées dans l'enquête dont nous avons déjà parlé, serait in-
terminable.

Nous ne nous arrêterons pas à examiner la valeur de cha-
cune de ces allégations. La plupart sont le résultat d'observations faites sur une trop petite échelle, et, de plus, nous
admettons parfaitement que le sang de rate, la fièvre charbonneuse, si l'on veut, ne soit pas la même dans toutes les
localités. Les fièvres paludéennes pernicieuses ne doivent pas
être les mêmes que le charbon des plaines fertiles et sèches,
d'où les raisons diverses invoquées pour en expliquer l'étiologie.

Le sang de rate de nos plaines fertiles et sèches, celui qui
s'observe dans l'arrondissement de Provins, est une maladie
de causes locales, ayant toutes les allures d'une enzootie; il
doit donc trouver dans les lieux où on le voit paraître les éléments nécessaires à son évolution.

Une étude comparée des conditions domestiques des animaux, faite dans diverses localités tout à fait opposées, quant
à la fréquence du sang de rate, paraît jusqu'à un certain
point permettre, sinon d'assigner une exacte précision aux
influences multipliées dont l'action commune, sur l'état phy-
siologique du sang a, suivant nous, pour conséquence la production du fléau qui nous occupe, tout du moins fait parfaitement connaître les milieux au sein desquels il trouve toujours une éclosion facile.

L'étiologie en médecine vétérinaire a reconnu le principe
suivant fondé; à savoir, que les causes comme la nature des
maladies sont subordonnées aux conditions dominantes de
la domesticité imposée aux animaux et variables comme
elles. Par là, il convient d'entendre les effets que peuvent
exercer sur eux, ensemble ou séparément, le climat, l'état

du sol, du sous-sol, les ressources et l'industrie de l'agriculture locale.

Nous allons examiner rapidement, en procédant par voie de comparaison, la situation du bétail de nos localités à ces différents points de vue, et si ce principe, ainsi érigé en une sorte de loi générale, a quelque motif d'être applicable dans notre arrondissement, dans la recherche des causes du sang de rate.

Comme nous l'avons déjà dit, l'arrondissement de Provins est situé à l'est-sud-est du département de Seine-et-Marne où il termine, par une inclinaison brusque et en gorges profondes, les grands plateaux de la Brie.

Le nord du chef-lieu, la plaine, patrie du sang de rate, comprend le canton de Villers-Saint-Georges, celui de Nangis, partie de celui de Donnemarie, et la plus grande surface de celui de Provins. Le sol est à environ 75 à 80 mètres au-dessus du niveau de la mer.

Il représente de vastes plaines légèrement montueuses ou simplement ondulées, sillonnées de plusieurs petits cours d'eau torrentiels, pour la plupart affluents de la Seine. En dehors des forêts de Jouy et de Sourdun, appartenant en très-grande partie au domaine, il n'y a presque plus de bois ; depuis longtemps, on défriche sans replanter. Pour cette raison, le pays est très-découvert, et en maints endroits le regard s'étend sans obstacles à plusieurs lieues de distance.

On rencontre dans cette partie, des exploitations d'une importance relativement grande. C'est, du reste, le siége de la grande culture du pays.

Depuis l'assainissement des bas-fonds par le curage assidu des ruisseaux, par la pratique assez répandue du drainage, les prairies naturelles ont successivement disparu. On ne trouve que rarement de l'eau séjournant sur le sol. A l'exception de quelques communes peu nombreuses des cantons de Villers-Saint-Georges et de Nangis, on ne rencontre plus ou presque plus de ces terres qu'en agronomie on appelle des terres froides.

Le midi de l'arrondissement, formé d'une partie du canton de Provins, du canton de Bray-sur-Seine et d'une petite portion de celui de Donnemarie, présente une physionomie un peu différente. Des gorges, des vallées accidentent irrégulièrement le sol, jusqu'à la rivière de Seine, qui limite à peu de chose près le département d'avec les plaines crayeuses de la Champagne et de la Basse-Bourgogne.

La petite culture très-morcelée prédomine dans cette région. En général, la terre y est sèche et d'une fertilité moyenne. Les prairies naturelles qui bordent le fleuve sont de qualité médiocre et en voie de défrichement.

Le sol arable de l'arrondissement est en général argilo-calcaire ou argilo-siliceux, uni à une proportion d'humus variable, quoique assez forte. Sa profondeur varie de 15 à 35 centimètres ; il est très-perméable, d'une fertilité à peu près constante, surtout dans les temps humides et chauds.

On y cultive particulièrement toutes les céréales ; les prairies artificielles, comme la luzerne, le trèfle, la lupuline, les gesses, les pois, y viennent parfaitement et en abondance. Les racines, et notamment la betterave, y réussissent très-bien.

Le sous-sol est généralement composé de calcaire grossier, tendre, de silex. Dans une assez grand nombre d'exploitations du canton de Nangis, le sous-sol est formé de marnes blanches et vertes qui le rendent imperméable. Tout à fait au sud, il est composé soit de gravier roulé, de craie ou de tourbe. Dans le voisinage de Provins, on trouve des bancs ferrugineux assez nombreux ; certains ont dû être exploités autrefois. Ceux dont on aperçoit la trace dans la côte nord de la ville, donnent lieu à des filtrations dont on a composé, en les réunissant, une source minérale recommandée par la médecine.

Dans la plus grande partie des fermes du nord, le sous-sol se laisse facilement pénétrer par l'eau, là où il ne jouit pas de cette propriété, l'emploi des charrues fouilleuses et du drainage la lui ont généralement communiquée.

On paraît aujourd'hui dans tout le pays apprécier la valeur des engrais. On fait une consommation de plus en plus étendue de ces ingrédients artificiels ; comme aussi on ne recule guère devant les dépenses occasionnées par d'utiles opérations de marnages, de drainages ; aussi les terrains deviennent-ils de plus en plus légers, délités, secs et productifs.

La fertilité, avons-nous déjà dit, y est celle d'une bonne moyenne, les blés produisent environ de 18 à 22 hectolitres à l'hectare (1). Les pailles ont de 1 m. 50 à 1 m. 70 d'éléva-

---

(1) Renseignements personnels.

tion. Le blé pèse de 120 à 130 kilog. les 160 litres ; l'orge, 100 kilog., l'avoine, 75 à 80 kilog.

La luzerne produit de 40 à 50 quintaux à l'hectare, première coupe, 20 id. à la seconde. Le trèfle produit dans la même proportion; pour cette plante comme pour la luzerne la seconde pousse sert ordinairement de pâture aux animaux de rente.

Les cultivateurs se livrent presque exclusivement à la production des céréales. Les colzas n'y réussissent pas partout; dans ces dernières années on y a cultivé beaucoup de lins. Les seules usines agricoles qu'on y rencontre sont des distilleries de betterave. Il y en a en ce moment 7 dans l'arrondissement.

Les bestiaux de rente comprennent :

1° Les troupeaux de bêtes à laine de race mérinos croisée, de taille moyenne, d'un lainage généralement recherché par la fabrication. Ces troupeaux sont dans une excellente voie d'amélioration.

2° Des troupeaux d'animaux de l'espèce bovine de race cottentine. Ces animaux sont achetés pour le lait ; ce produit est transformé en beurre et fromage, ou bien il sert à engraisser des veaux estimés, ou encore il est vendu en nature pour Paris.

Les troupeaux à laine reçoivent une nourriture en rapport avec les ressources fourragères de chaque ferme ; cependant on peut dire qu'elle est généralement distribuée en abondance. Le régime est pastoral dans la belle saison et stabulant depuis le mois de novembre. En hiver, on fait consommer de la paille de froment, de la luzerne ou du trèfle une fois dans la journée ; les mères laitières seules reçoivent une ration de betteraves mêlée à de la paille à van et plus ou moins fermentée.

Aussitôt la première végétation, on fait paître des seigles verts, des lupulines, des jarosses, l'herbe des champs ; en été, la nourriture est exclusivement composée de pâturages, de luzerne ou de trèfle de seconde pousse, de vesces en vert. Aussitôt la récolte des céréales, on a l'habitude de faire parcourir par les moutons les champs nouvellement vidés.

On met au parc vers les premiers jours de juillet, aussitôt après la tonte. Dans le temps des grandes chaleurs, le berger rentre son troupeau à la bergerie, depuis onze heures jusqu'à trois ou quatre heures ; après le mois d'août, le berger reste constamment dehors.

La nourriture des vaches est presque toute l'année distribuée à l'étable, ce n'est que vers les mois de septembre et octobre qu'on conduit ces animaux aux champs.

La ration se compose, en hiver, de paille de céréales, trois rations par jour, d'une ration de betteraves unie à la menue paille, du poids de 5 à 6 kilog. par tête, et quelquefois d'une ration de fourrage artificiel sec.

Au printemps, on donne des minettes dorées, des gravières mêlées de seigle vert, de la menue-paille, de la paille d'avoine.

En été, on distribue presque à discrétion à l'étable des fauches de luzerne et de trèfle.

A l'automne, on fait conduire les animaux dans les champs de luzerne et de trèfle de seconde pousse, jusqu'aux premières gelées.

Disons qu'en général la ration journalière est abondante, et que, pour les animaux de rente, l'appétit ou la grandeur de l'estomac en établit la limite ; aussi ont-ils presque tous un embonpoint élevé et donnent-ils un produit abondant et de bonne qualité.

L'eau dont on abreuve les vaches est assez ordinairement peu salubre ; elle provient des mares intérieures qui sont les réservoirs ordinaires des purins des fumiers. Quant aux bêtes à laine, on prend, depuis un certain temps, l'habitude de leur servir de l'eau pure dans les bergeries en toute saison.

Les bergeries et les étables sont la plupart du temps insuffisantes au point de vue de l'espace et de l'aération. Nous devons ajouter cependant qu'il se produit depuis plusieurs années un mieux appréciable dans ce sens.

Les chevaux employés aux travaux des champs, appartenant à la grande culture, sont en général de grande taille. Ils proviennent des fortes races du Perche, de la Normandie, du Morvan, du nord de la France, etc. On les emploie en moyenne au travail 12 heures par jour ; leurs travaux sont pénibles et épuisants. Ils consomment par tête et par jour quinze litres d'avoine, 12 à 14 kilog. de luzerne de première coupe et de la paille de blé pendant la nuit. En hiver, cette ration est un peu moindre, les travaux étant moins nombreux et moins pénibles. Dans les autres temps, malgré le supplément de nourriture qui leur est donné, ils sont sinon maigres,

au moins dans un état inférieur d'embonpoint. On les abreuve
d'eau pure et potable. Les écuries laissent peu à désirer.

Les animaux de cette espèce qui appartiennent à la pe-
ti te culture sont généralement de race plus commune ; ils
sont plus maigrement nourris, mangent peu d'avoine, beaucoup de luzerne, mais travaillent moins. Ils sont mal logés,
mal soignés.

Tel est, au point de vue de l'intérêt de notre sujet, l'exposé
topographique très-écourté, de notre arrondissement. Ce qui
en ressort de plus clair est assurément ceci, à savoir : que le
sol y est fertile, peu épais, sec et relativement découvert ; que
le sous-sol est généralement calcaire et perméable, que le
drainage, les assainissements, le marnage, les engrais y sont
très-employés ; que la production fourragère est abondante et
de qualités nutritives supérieures. Comme conséquence les
animaux domestiques sont fortement nourris, et les produits
qu'ils donnent en rapport avec le régime.

Il n'en a pas toujours été ainsi ; dans l'arrondissement de
Provins comme dans beaucoup d'autres localités, le progrès
a fait lentement son chemin. D'après des témoignages authen-
tiques et respectables, et à cet égard les mémoires de la Société d'agriculture de Provins, fondée en 1804, sont précieux,
la physionomie agricole du pays aurait subi depuis un demi-
siècle une complète transformation. Les terres alors étaient
humides et froides, on rencontrait au moins un étang dans
chaque village. Les prairies naturelles étaient nombreuses,
étendues et couvertes de flaques d'eau pendant une partie de
l'année ; des marais, des broussailles, des halliers, de nombreuses plantations couvraient le sol et imprégnaient la végétation et l'atmosphère d'une grande humidité.

La production du sol était bien inférieure ; les animaux de
rente, plus petits et moins nombreux, ne recevant qu'une ration insuffisante et de mauvaise qualité, ne donnaient qu'un
revenu médiocre ; en 1819 le produit annuel d'une bonne
vache à lait n'était pas estimée au delà de 90 fr. (1).

En fait de maladies, on ne connaissait guère que celles qui
sont accompagnées d'appauvrissement du sang ; elles étaient
généralement rares ; on ne connaissait point le sang de rate,
si ce n'est dans quelques communes du canton de Villers-Saint-

(1) Mémoire de la Société d'agriculture de Provins.

Georges, renommées par la fertilité exceptionnelle de leurs terres et par la sécheresse relative de leur sol.

Depuis, les étangs ont été desséchés, les prairies marécageuses sont devenues, par des opérations d'assainissements, d'excellentes terres en culture; les prés ont presque tous été défrichés; des drainages ont été opérés, qui ont égoutté les terres froides; les bois, les halliers et les grands arbres ont disparu, il ne reste plus une cause un peu importante d'humidité dans ce sol auparavant si frais. Mais en retour de ces heureuses transformations, on a vu le sang de rate des animaux prendre une extension progressive, et établir ainsi d'une manière évidente la démonstration qu'entre ces deux choses il existe des rapports intimes de causalité.

L'observation a en effet depuis constaté que cette redoutable maladie se développe de préférence et avec le plus d'intensité dans les cultures dont les terres arables sont tout à la fois fertiles, peu profondes, composées d'argile, de calcaire et d'humus en forte proportion, et aussi lorsque le sous-sol de nature calcaire ou argilo-calcaire, sablonneux, est devenu très-pénétrable par l'eau. Que là on rencontre des plaines étendues, découvertes, et sans ombrages influents où le soleil peut faire sentir sans obstacles toute la puissance de son action vaporisante; point d'eaux vives; des mares bourbeuses, des puits profonds et insuffisants.

La végétation de ces sortes de terrains, lorsqu'on porte son attention vers elle, est trouvée moins plantureuse que dans ceux où une humidité permanente entretient une sève exubérante; en revanche les productions herbacées sont plus ligneuses, plus corsées; les grains sont plus lourds, plus nutritifs, plus aromatiques; en un mot, l'alimentation journalière de tous les temps est particulièrement substantielle, sapide, *très-excitable*, et ne renferme que peu d'eau de végétation.

Eh bien, lorsqu'on sait être à l'abri des atteintes du sang de rate, des localités agricoles dont les procédés et les méthodes sont à peu de chose près les mêmes, mais dans des conditions climatériques et culturales tout opposées à celles que nous venons de faire connaître, on est bien forcé d'admettre que, si le sol par sa composition minéralogique, si l'état du sous-sol ne sont point une cause directe d'où peut sortir la maladie, leur manière d'être à cet égard imprime à la végétation en général des propriétés particulières qui peuvent bien être considérées comme telles.

A ce compte tant vaut la terre, tant vaut la plante, tant est la plante, tant est la maladie.

Nous plaçant à ce point de vue, nous pouvons de suite, avec un certain à propos de justesse, élever à la hauteur d'un axiome agricole la conclusion suivante : *Le sang de rate est aux plaines fertiles, perméables et sèches de la Brie et des contrées similaires, ce que la pourriture est aux pays humides de Sologne, du Perche et de tous les pâturages humides.*

D'autre part, nous ajouterons que les plus violentes manifestations du sang derate ont toujours lieu dans le cours des saisons chaudes etaprès de longues sécheresses. Cette remarque a été faite de tout temps dans nos contrées; il n'y a pas un seul cultivateur qui ne redoute beaucoup les effets de cette affection quand il voit cet état de l'atmosphère se prononcer et durer.

On a eu, de ce que nous avançons, une confirmation bien évidente pendant les années très-sèches de 1857, 1858 et 1859. On se rappelle à peine avoir vu jamais quelque chose approchantla sécheresse de 1858, et surtout celle de 1859. Eh bien, dans ces deux années, le nombre des victimes a été épouvantable. Nous avons précedemment fait connaître qu'en 1859 le chiffre en argent des pertes s'est élevé à la somme presqu'incroyable d'un million de francs environ.

L'année 1860 au contraire, remarquable par des pluies continuelles (on a rarement vu pareille humidité succéder à semblable sécheresse), a donné lieu à un contraste saisissant, eu égard à l'état sanitaire du bétail.

Bien que les animaux aient consommé jusqu'en avril des produits récoltés en 1859, le chiffre des pertes s'est immédiatement abaissé de près de moitié, de 923,077 fr. animaux perdus en 1859, le chiffre argent est descendu à 457,861 fr.

A l'appui de la théorie que nous soutenons, nous pourrions encore citer ce qui s'est passé dans nos environs dans le cours des années 1852 et 1853 : la quantité de pluie tombée a été telle, que la plupart des troupeaux ont succombé à la cachexie aqueuse et qu'on n'a point remarqué de sinistres par le sang de rate.

D'après ce que nous venons d'exposer, il paraît à peu près hors de doute que le sang de rate n'est point l'effet d'un agent morbide unique, ni d'une cause spécifique; qu'il est bien plutôt la conséquence d'une action combinée, commune et simultanée, résultant d'un état particulier de fertilité et de sécheresse du sol, de la perméabilité du sous-sol, des conditions d'une végétation très-active, d'un état déterminé des conditions atmosphériques, d'un régime excessif. Il nous serait d'ailleurs facile de fournir des exemples établissant cette nécessité d'une influence multiple et commune, solidaire, de ces divers agents.

En Champagne, où la sécheresse de l'air et du sol est portée à l'extrême, où, si l'on en croit l'opinion commune, il pleut moins qu'ailleurs, la maladie du sang de rate est parfaitement inconnue; cela tient assurément à ce que l'un des facteurs, la fertilité, l'abondance de l'alimentation, fait défaut.

Dans la Normandie, dans les départements du Nord, en Belgique, en Angleterre, dans tous les pays froids et humides de la France, on ne connaît pas davantage cette maladie, quoique ces contrées soient remarquables par l'abondance des produits alimentaires; ici la végétation manque de ces propriétés excitables qui sont le privilége des sols minces, chauds et secs, et en outre l'atmosphère est dans un état constant de très-grande hygrométricité.

—Dans les enquêtes administratives, il nous semble qu'on accuse trop facilement les prairies artificielles et particulièrement le trèfle, de contribuer directement à la production du sang de rate. Nous sommes bien d'avis qu'un régime abusif uniforme et sans correctif de ces plantes peut être nuisible à la santé, mais ce ne saurait être par l'unique raison qu'elles sont la luzerne ou le trèfle, mais bien parce que, en dehors des qualités très-nutritives que ces végétaux tiennent de leur essence, ils sont par le fait de leur provenance d'une excitabilité exceptionnelle.

Si leur usage produisait dans tous les cas l'effet que la majorité des cultivateurs leur attribue ainsi sans bonnes raisons, il ne saurait exister de motifs pour que cette action malfaisante ne leur soit point reconnue partout où on les cultive, ce qui n'est point. On fait consommer en Normandie, dans les Flandres, autant de ces prairies que dans l'arrondissement de Provins, et le sang de rate y est inconnu; il en est de même en Angleterre, où le trèfle est au moins autant utilisé qu'ici, où il constitue même un des éléments d'un assolement très-répandu, l'assolement dit de Norfolk. Le privilége dont on se plaît à gratifier ces utiles végétaux, toutes les plantes le possèdent ici, à un degré variable, suivant leurs qualités nutritives.

— Les logements vicieux, bas, étroits, sans aération suffisante, quoique contraires à une bonne santé, ne nous ont jamais paru devoir être considérés comme un motif direct de sang de rate. Chacun sait bien que les habitations malsaines sont un peu de tous les pays. Les environs de Paris sont remarquables sous ce rapport, et pourtant on n'y voit pas régner le sang de rate.

D'un autre côté, nous connaissons des exploitations agricoles établies, sous le rapport des logements, d'après les meilleures dispositions, et qui, malgré cela, sont annuellement visitées par le sang de rate ; de plus il est très-commun de voir la maladie sévir pendant que les troupeaux couchent en plein air, quand ils sont au parc, ce qui doit éloigner naturellement l'idée de toute influence dominante de la part des mauvaises habitations sur la production de cette affection.

Ces observations à propos des habitations, nous amènent naturellement à dire un mot du séjour des animaux aux champs pendant le jour et la nuit. L'expérience a reconnu depuis longtemps les inconvénients de l'insolation, de la poussière des chemins et condamne au même titre le parcage prolongé. On voit tous les jours des cultivateurs abandonner ces anciens errements et conserver et nourrir leurs troupeaux le plus possible à la bergerie.

Nous ne nous attacherons pas à réfuter longuement les hypothèses qui attribuent à l'usage d'eaux insalubres l'origine du sang de rate. La preuve qu'il n'en est rien, c'est qu'aujourd'hui dans les bergeries les plus maltraitées on prodigue sans succès, quoique sans interruption, l'eau fraîche et pure aux animaux. Si les eaux bourbeuses et putréfiées sont loin d'être salutaires à la santé, ce que nous admettons sans difficulté, nous ne leur croyons pas une action déterminante sur l'origine du sang de rate.

Quelques écrivains ont prétendu que le sang de rate pourrait bien provenir d'effluves qui se dégageraient du sol dans des circonstances données ; on a même édifié sur la naissance de ces miasmes une théorie séduisante. Nous déclarons n'ajouter aucune créance à une semblable idée, et quant à ces émanations telluriques, personne ni rien, n'a pu, pas même l'auteur·

en faire démontrer l'existence. Nous pourrions demander comment on expliquerait, par ce moyen, la présence de la maladie chez les animaux qui vivent dans un état permanent de stabulation ou qui, comme les chevaux, ont constamment les organes respiratoires éloignés de la surface du sol.

Pour nous, en dehors de la contagion, le sang de rate de nos contrées est donc, si on peut s'exprimer ainsi, le produit indirect du sol, c'est-à-dire que sa composition intime, son état cultural, sa richesse, impriment à la végétation et par suite au régime suivi par les animaux, des qualités exceptionnelles bien susceptibles de modifier assez l'état du sang pour le rendre malade.

Comment, objectera-t-on, expliquer que des conditions d'existence, comme l'abondance, les qualités nutritives, le poids relatif des aliments, avec le concours de la chaleur et de la sécheresse, arrivent à produire la maladie dont le sang est vicié comme dans la maladie du sang de rate? La science le dira sans doute un jour; quant à nous, nous constatons le fait. Nous nous demandons seulement, en passant, pourquoi et comment un excès d'inflammation engendre-t-il la gangrène?

<h2 style="text-align:center">VII</h2>

CONTAGION.

Une des causes les plus fréquentes du sang de rate, celle à laquelle nous croyons qu'il convient de rapporter le plus grand nombre de sinistres et la propagation indéfinie de l'affection, est sans contredit la contagion volatile.

Cette propriété du sang de rate a, depuis un certain nombre d'années, été l'objet de discussions et d'expérimentations nombreuses. A cet égard, chacun paraît s'être maintenu dans un système d'exagération qui a engendré le doute et qui a eu pour effet de laisser jusqu'ici dans l'obscurité le véritable état de la question. Dans une matière semblable, nous croyons les expériences peu concluantes: il n'est pas tenu un compte suffisant des conditions inhérentes à ce que nous appellerons la tolérance des sujets ou leur prédisposition, et ces conditions, il est impossible de les déterminer et de les faire naître; l'interprétation des faits paraît beaucoup plus à même de conduire à la vérité. C'est par eux que nous sommes arrivé à nous per-

suader que la transmission volatile du sang de rate, pour
n'être pas constante, est un fait pathologique possible et fréquent.

D'après ce que nous avons vu, cette transmission ne s'opè-
rerait pas dans un grand rayon, ni par les moyens des grands
courants atmosphériques.

Elle émanerait des malades, des morts ou de leurs débris,
comme d'un foyer de dégagement, et se transmettrait, par les
voies naturelles, à tous les sujets habitant l'air ambiant, et
ayant avec ceux affectés des rapports fréquents de cohabitation.

Cette propriété infectieuse n'existerait plus en dehors d'un
rayon relativement restreint et qu'on pourrait exprimer par
un chiffre de 60 à 100 mètres.

Les logements infectés conserveraient longtemps des propriétés contagieuses ; nous avons eu connaissance d'un fait
où, après trois mois d'aération permanente, des bergeries
sont restées infectées et ont communiqué le sang de rate à un
troupeau sain.

Il en serait de même des objets ayant servi à l'usage des
animaux malades, des harnais, des fumiers, des toiles d'arai-
gnées, etc.; ils seraient autant de moyens de conservation des
miasmes contagieux.

Nous allons rapporter très-succintement douze observations
qui pourront servir à rendre évidente la contagion volatile du
sang de rate.

Obs. I. Vers la fin du printemps de l'année 1851, M. F....,
cultivateur à S...., perdait par le sang de rate 3 chevaux,
6 vaches et 40 à 50 moutons. C'était dans une première année
d'établissement, la circonstance en était d'autant plus grave.
Il offrit à son père, aussi cultivateur à environ 12 kilomètres
de là, et qui ne perdait pas de bestiaux depuis un temps long,
de faire un échange des deux troupeaux, afin de faire émigrer
le sien, de le changer d'air.

La mortalité cessa en effet, et, après quelques semaines
de cet échange, l'ancien état de choses fut rétabli. Quelle ne
fut pas la surprise de M. F..... le père, lorsqu'il vit le sang
de rate se déclarer dans son troupeau ; il perdit successivement 80 têtes de bêtes à laine et 2 de ses chevaux.

Obs. II. M. B...., cultivateur à H...., exploite une ferme
où, depuis très-longtemps, le sang de rate fait des ravages
annuels très-graves.

En 1855, devenu le gendre d'un propriétaire de Ch....,
M. M...., il lui proposa de conduire chez lui son troupeau
et de prendre le sien en échange, dans l'intention d'amoindrir, si cela était possible, les sévices de la maladie. M. M....,
accepta d'autant mieux, que ses moutons se sentaient d'être
atteints de cachexie aqueuse.

Après la première semaine de séjour des animaux de
M. M.... à H...., ces animaux furent, malgré leur état hydrohé-
mique, atteints de sang de rate et périrent en grand nombre
avec le gonflement caractéristique de la rate.

Obs. III. M. M... de M....., cultivateur d'une ferme très-
calcaire mais très-fertile, perdait en 1846 la plus grande
partie de ses moutons du sang de rate ; il fit à son beau-frère,
M. J...., la proposition de lui conduire son troupeau. Ce dernier accepta ; mais quels ne furent pas ses regrets; le sang de
rate envahit dès ce moment ses bergeries et ne les a plus
quittées depuis cette époque.

Obs. IV. Le fait suivant pourra faire connaître que l'insalubrité des habitations peut se perpétuer pendant un temps
assez long, lorsqu'elles ne sont pas énergiquement purifiées.

Dans les premiers jours d'octobre 1860, M. H..., cultivateur à P...., perdait ses moutons par le sang de rate. Il
est bon de faire connaître que cette maladie régnait depuis
plusieurs années dans cette ferme, et que voyant de nouveau
la mortalité réapparaître avec violence, M. H..., désepéré,
résolut de ne point conserver son troupeau. Il le vendit avec
l'intention de le remplacer par des vaches.

Vers le 15 décembre, M. H... s'en alla lui-même en
Normandie où il acheta, dans le voisinage d'Argentan, six
vaches et un taureau. On sait que le sang de rate est complétement inconnu dans cette contrée.

Il ramena ces animaux chez lui ; à défaut de logements disposés pour les recevoir, on les plaça pour quelques jours dans
les bergeries non encore débarrassées des fumiers. Onze jours
après, une vache mourut. nous en avons fait l'autopsie et
constaté qu'elle avait succombé au sang de rate. Dans les premiers jours de février, une seconde vache subit le même sort.
Une troisième, achetée le 25 janvier suivant, succomba quatre
jours après son entrée dans la bergerie. Une quatrième, pro-

venant d'une acquisition faite en septembre 1860, périt également par cette affection, le 18 avril 1861.

Obs. V. M. F..., cultivateur à Bannost, perdit, en 1851,
presque tout son troupeau de bêtes à laine par le sang de rate,
— environ 400 têtes. Il ne garda que fort peu des animaux qui
lui restèrent, désirant laisser passer quelques mois pour échap-
per à la contagion. Il fit de plus nettoyer ses bergeries, blan-
chir à la chaux vive, opérer des fumigations de chlore, aérer
nuit et jour pendant des semaines. Quand il crut le moment
venu, il alla acheter lui-même, aux foires du Gâtinais, des solo-
gnots, des berrichons, races de moutons qui ne sont jamais
dans leur pays assujetties au sang de rate. Quinze jours s'é-
taient à peine écoulés depuis l'entrée de ces animaux dans les
logements désinfectés incomplétement, que le sang de rate
apparaissait de nouveau et faisait, parmi ces derniers animaux,
de fréquentes victimes.

Obs. VI. M. V... père, possédait un petit troupeau de 40 à
50 bêtes à laine de tout âge. Ces animaux étaient conduits aux
champs avec d'autres moutons d'un troupeau communal. Dans
l'été de 1855, le sang de rate se déclara dans ce petit troupeau
et en fit périr dix-neuf têtes ; il y eut cela de remarquable,
que toutes succombèrent dans les bergeries de M. V. et que
pas une autre du troupeau commun ne fut atteinte.

Obs. VII. Un petit cultivateur de P...., L...., possédait
ordinairement trois vaches et un cheval, tous habitants
du même local, bien nourris, bien logés, bien soignés.

En septembre 1862, il mourut dans l'étable par le sang
de rate, une vache normande, achetée le 2 février 1861.
L'habitattion ne fut point désinfectée.

Quinze jours après, le cheval mourut d'une maladie du sang
qu'on appela le charbon, on ne fit pas davantage pour désin-
fecter la place où périt ce cheval.

En septembre 1863, une vache venant de Normandie subit
le sort du cheval. Elle avait été achetée le 1ᵉʳ mai de la même
année.

Enfin le 23 mars 1864, toujours dans la même étable, est
morte de la même affection que les précédentes une vache, achetée en 1862, que l'on devait croire suffisamment acclimatée.

Les étables du voisinage, pendant tout ce temps, n'ont point
été visitées par cette maladie. On ne saurait méconnaître ici
l'influence d'un foyer miasmatique.

O_BS. VIII. Il existe, au hameau de F...., plusieurs cultivateurs assez voisins les uns des autres, qui tous possèdent des troupeaux à laine. L'un d'eux, M. B...., fait valoir une exploitation dont les logements, vieux et mal construits, n'ont jamais été ni réparés ni assainis.

Depuis plusieurs années, cette ferme est visitée par le sang de rate. Beaucoup de chevaux ont succombé à cette affection en un temps court, pendant 1859 et 1860. Dans le courant de 1861, le troupeau de moutons fut attaqué par le même mal, après que deux chevaux eurent été victimes. On comptait un peu sur l'influence de la saison froide pour voir ces mortalités s'amoindrir et disparaître. Il n'en fut rien : il périssait 8, 10 et 12 moutons par semaine. On modifia le régime. On ne donna que des pailles et des farineux pour nourriture ; on prodigua l'eau pure, on fit quelques médications préservatives ; rien n'y fit. Il est vrai qu'on négligea complétement de purifier les bergeries ; les animaux morts pendant la nuit y séjournaient pendant plusieurs heures avec les non malades ; on les enlevait enflés et en voie de putréfaction.

Ce qui fut dans cette circonstance une cause de grande surprise, c'est que les troupeaux des cultivateurs les plus voisins, éloignés seulement de quelques centaines de mètres de la ferme de M. B...., ne perdaient aucun de leurs animaux, quoiqu'ils fussent placés dans des conditions à peu près identiques, aussi bien sous le rapport du régime ordinaire, que sur la qualité des boissons et sur la nature de l'alimentation.

A la fin de décembre, et sur notre insistance, la meilleure partie du troupeau fut évacuée sur un autre corps de ferme non habité depuis très-longtemps, et dut y séjourner ; à la satisfaction commune, le sang de rate cessa en quelques jours ses sévices. Il reparut, mais à l'été suivant seulement.

Il paraît évident, dans ce cas, que l'insalubrité des anciennes bergeries a été le motif principal de la persistance de la mortalité.

Observ. IX. — Le 10 mai 1856, M. M...., cultivateur à L...., eut une de ses quinze vaches malade ; après l'avoir examinée elle fut reconnue atteinte de sang de rate, et dans un tel état, que la mort fut jugée inévitable et prochaine ; elle mourut en effet dans la soirée. Le lendemain matin, nous fûmes informé que la vache voisine de la morte, à sa gauche, refusait sa nourriture et semblait malade ; elle succomba avant

notre arrivée. En même temps celle placée à droite fut prise
de frissons, de contractions des muscles de l'encolure, de
diarrhée liquide et sanguinolente, d'affaissement général ; elle
mourut en quelques heures.

Pendant qu'on examinait cette dernière et qu'on lui prodi-
guait des soins, on s'aperçut qu'une génisse, placée justement
derrière la première malade et seulement à une petite distance, était triste et tremblante ; on la reconnut atteinte
comme les précédentes, et en effet elle ne tarda point à périr
comme elles.

On s'empressa de faire disparaître les autres vaches de
cette étable. La mortalité s'arrêta.

Observ. X. — M. H...., cultivateur à Léchelle, perdit en
24 heures deux vaches placées à côté l'une de l'autre. Nous
fîmes faire une désinfection immédiate avec du goudron
coaltar. Il ne se produisit point de nouveaux cas.

Observ. XI. — M. M...., cultivateur important de la commune de Voulton, eut, en novembre 1859, son écurie envahie
par le sang de rate. Sur les treize chevaux qu'elle contenait,
dix furent atteints, quatre succombèrent. Il s'est passé ceci
de remarquable au point de vue de la contagion ; M. M....
remplaça en janvier ses animaux morts par trois nouveaux
qu'il acheta, deux étaient encore poulains ; il peut être intéressant de savoir que ces trois chevaux provenaient de mar-
chands étrangers à la localité.

A peine furent-ils introduits au milieu de cette écurie non
purifiée, que les deux poulains contractèrent l'affection des
premiers avec le cortége de symptômes qu'on avait remarqués
précédemment.

Observ. XII. — M. L...., cultivateur à B.... éprouva
dans la nuit du 4 décembre 1864 une effrayante mortalité ;
cinq vaches périrent en quelques heures ; l'autopsie nous fit
reconnaître les caractères particuliers de la maladie, le sang
de la rate. Dans le jour qui suivit, une sixième devint malade
et mourut le soir même. Le troisième jour, le taureau fut attaqué et périt : il resta deux jours malade : deux autres vaches
périrent encore les jours suivants : total, neuf animaux.

Ce qui nous paraît intéressant de faire connaître dans cette
circonstance, le voici : six des animaux morts étaient placés
à côté les uns des autres, un septième occupait une place
dans un rang opposé, mais absolument en face des malades.

La maladie a commencé sur une génisse d'élève et a suivi sa marche en s'attaquant à cinq des animaux qui la suivaient par rang d'attache. Ces cinq vaches étaient depuis cinq à six semaines chez M. L.....; elles étaient âgées de 2 à 3 ans, et provenaient toutes de Normandie. Le taureau était aussi d'importation toute récente ; une seule autre vache était à la ferme depuis environ quinze mois.

Nous possédons un très-grand nombre d'observations analogues, il serait sans doute intéressant de les faire connaître, mais nous ne voulons point poursuivre une relation de faits qui nous exposerait certainement à des redites. Nous supposons qu'ils pourront, ajoutés à ceux déjà consignés dans nos annales, contribuer à démontrer la possibilité de la contagion volatile du sang de rate.

Ils pourront en outre permettre d'apprécier les dangers auxquels sont exposés les animaux qui séjournent à côté des malades ou des morts, ou seulement dans leur atmosphère, ainsi que l'action pernicieuse des miasmes qui s'en échappent. Ils appelleront l'attention sur la nécessité indispensable d'une vigoureuse et complète désinfection des logements malsains, et sur la durée et la résistance des agents infectieux. En faisant ainsi connaître d'une manière assez certaine la possibilité de la contagion par la cohabitation, ces observations pourront mettre en garde contre les dangers des échanges de troupeaux malades. Elles seront susceptibles, en éclairant l'autorité, de mettre cette dernière à même de réglementer, si elle le juge à propos, la pratique des migrations.

VIII

THÉRAPEUTIQUE DU SANG DE RATE.

Par thérapeutique du sang de rate nous entendons faire connaître les moyens employés pour le combattre, lorsqu'il est déclaré chez un individu, et ceux qu'on peut le plus rationnellement mettre en usage dans un troupeau pour l'empêcher de s'y développer.

— Le sang de rate, déclaré chez un mouton ou chez un animal de l'espèce bovine, est absolument inguérissable. Tous les vétérinaires, les bergers, les praticiens sont convaincus de ce fait ; aussi, quand un cultivateur sait qu'un de ses animaux en est atteint, il se hâte, si cela est encore possible, de lui faire couper le cou, afin de le saigner et de le faire consommer.

Il n'y a dans cette croyance rien d'illogique, ce n'est pas davantage le cri de l'impuissance aux abois. Les notions, les éclaircissements très-précis produits par les recherches du cadavre, ajoutés à la rapidité de la mort, fournissent sur cette incurabilité de suffisantes explications. C'est pour ces motifs que nous nous permettons d'avancer qu'on n'a dû jamais guérir un cas de sang de rate bien évident, et même qu'on n'en guérira jamais.

Nous ne nous arrêterons donc point à faire connaître des procédés et des remèdes que le bon sens médical condamne à l'avance. Nous nous occuperons seulement d'un, parce qu'il a toujours été doté et qu'il jouit encore d'un certain crédit : ce procédé c'est la saignée.

D'après de très-nombreux essais personnels, l'usage de la saignée est une méthode de traitement condamnable.

Nous l'avons non-seulement reconnu inefficace, mais encore dangereux, en ce sens qu'il est bien dans le cas de précipiter le moment de la mort. Nous avons souvent été témoin de ce fait : des vaches malades sont mortes pendant la saignée opérée en vue de les soulager.

— S'il en est ainsi pour les animaux des espèces bovine et ovine, il n'en est point de même pour les chevaux. Nous avons déjà signalé combien la durée des symptômes était plus grande chez ces derniers ; on voit très-ordinairement le sang de rate du cheval mettre quatre et cinq jours à parcourir ses diverses phases pour arriver à leur terminaison par la mort : y a-t-il dans l'organisation plus complète du cheval un motif de cette résistance, nous ne sommes pas éloigné de le penser. Quoi qu'il en soit, dans le plus grand nombre des cas le vétérinaire a la facilité, le temps d'organiser une médication, et nous pouvons ajouter de suite que lorsqu'elle est suffisamment vigoureuse elle est très-souvent suivie de succès.

Nous pourrions faire connaître celle, qu'après un grand nombre de tâtonnements, d'essais infructueux, nous avons définitivement adoptée et qui souvent réussit.

Ce traitement est basé sur la puissance d'action des stimulants cutanés, employés sur une grande échelle ; sur l'effet qu'ils exercent sur la masse du sang, dont ils opèrent une sorte de sanguification nouvelle. Mais comme ce côté du sang de rate est tout spécialement du ressort du praticien, nous n'entrerons pas à cause de cela dans des détails minutieux et inopportuns, nous avons fait connaître d'ailleurs à la Société centrale de médecine vétérinaire notre manière de faire, nous croyons inutile de la reproduire ici. Qu'il nous suffise de dire que l'ensemble des moyens qui en constitue la base, réussit neuf fois sur dix, quand on a pu en faire l'application en temps utile.

Précédemment nous avons dit que nous ne croyons pas la guérison du sang de rate du mouton ou de la vache possible, et nous avons fourni nos raisons. Il nous paraît préférable de chercher dans l'hygiène et dans une prophylaxie rationnelle, soit les moyens de le prévenir, soit ceux de l'empêcher de s'étendre.

On ne doit point perdre de vue que les conditions qui à cette occasion paraissent le plus favoriser l'extension du mal ou qui provoquent le plus son éclosion, sont l'excitabilité d'une abondante alimentation et son uniformité, la chaleur, la sécheresse et la contagion. Par conséquent la seule manière de faire, quelque peu chanceuse, doit donc consister à opposer à ces causes probables les enseignements d'une hygiène bien entendue, l'usage des désinfectants les mieux appréciés et l'emploi soit dans l'alimentation, soit dans les boissons, de préparations capables de s'opposer au développement de la fermentation putride à laquelle nous avons montré le sang très-prédisposé.

Il sera donc judicieux, avant tout, d'éviter les abus d'un régime excessif, soit par les qualités, soit par la quantité ; on doit se rappeler que nous avons fait remarquer que les animaux, peu ou mal nourris, avaient moins de chances de mort, comme cela est démontré dans la petite culture et dans les grandes fermes mal tenues.

On ne perdra pas de vue que les animaux de rente et le mouton surtout sont très-sensibles aux influences de régime, qu'il est par conséquent facile de modifier par ce moyen leur tempérament et leur santé, que s'il y a lieu de contrecarrer l'action d'une alimentation trop excitante, l'usage prolongé des racines aqueuses, comme les betteraves et les carottes, sera une des premières indications à remplir. Dès le commencement de l'automne, aussitôt la récolte, on devra distribuer deux fois par jour ces racines coupées et fermentées. La ration journalière sera de un kilog. par bête à laine et de

15 kilog. par tête de gros bétail. Ce genre de régime devra être continué tout l'hiver, et pour tous les animaux.

Au printemps, les troupeaux seront tondus de bonne heure, on ne devra pas mettre au parc avant que la laine soit un peu repoussée pour éviter les effets de l'évaporation spontanée et de l'insolation.

A la sortie de l'hiver, on doit ménager la transition du régime sec au pâturage vert; ce dernier ne devra pas être exclusif; on devra continuer à donner une ou deux rations de paille par jour. Si cela est possible, on continuera l'usage des pulpes ou des betteraves fermentées jusqu'à la fin de mai et plus. Il est de remarque que les aliments qui ont subi une première prépara tion quelconque, qui ont par cet effet modifié leurs propriétés naturelles, sont moins nuisibles à la santé; on pourrait citer, à l'appui de cette observation, l'état de bonne santé dont jouissent les bestiaux des distillateurs, des engraisseurs. Nous connaissons plusieurs cultivateurs qui font usage de tourteau en le mêlant aux betteraves hachées, et qui s'en trouvent très-bien. M. B...., dont les bêtes à laine périssent annuellement par le sang de rate, ne voit plus cette affection atteindre ses vaches depuis qu'il leur fait consommer journellement une forte ration de drèche de brasserie. A Chenoise, ferme du Château, le sang de rate, qui de tout temps a fait de très-nombreuses victimes sur tous les animaux, a complétement disparu depuis qu'on y a établi une distillerie de betteraves, et qu'on alimente très-amplement les vaches et les bêtes à laine avec les pulpes en provenant.

Nous ne saurions trop engager les cultivateurs à se bien pénétrer de ces résultats. Si tous ne peuvent arriver à monter des usines, il leur sera toujours possible de monter des fourneaux à cuire les racines, les grains, soit à l'eau, soit à la vapeur; il ne leur sera pas, sans doute, toujours impossible de se procurer des tourteaux de colza ou de lin, de la drèche; ou bien encore ils feront ce que commencent à faire généralement nos cultivateurs, ils feront, par une disposition facile, fermenter les betteraves coupées en les entassant dans de la menue paille ou de la paille hachée et les laissant ainsi quarante-huit heures ou trois jours; le mélange qui en résulte est très-chaud, fumant, et répand une odeur aigrelette recherchée par les animaux.

Nous considérons comme une méthode précieuse, celle qui consiste à alimenter, le plus longtemps possible, les bestiaux avec des aliments préparés ; nous ne saurions trop la recommander.

— On a cru remarquer que lorsque les troupeaux sont conduits sur les champs non glanés, il s'ensuit une recrudescence dans les manifestations du sang de rate ; les uns l'attribuent aux épis nombreux ramassés par les animaux ; d'autres veulent que la chaleur et la sécheresse, ordinairement grandes à cette époque, en soient les causes principales. Ce qui paraît le plus positif, c'est que le fait est constant ; il convient donc d'éviter ces sortes de pâturages ou bien de ne les faire paître qu'après une pluie un peu abondante.

— Dans le temps que la température est très-élevée et la sécheresse grande, on doit, autant que possible, chercher à modérer les effets de l'évaporation spontanée sur la masse du sang ; éviter l'action dispnéïque de l'entassement des animaux et de la poussière des chemins. On obviera à ces inconvénients en laissant le moins possible les animaux exposés aux ardeurs du soleil ; on les conduira de grad nmatin aux pâturages, par la rosée, sans aucune crainte de la pourriture ; on les rentrera à la bergerie dès que le soleil commencera à devenir ardent, pour ne les sortir qu'à la tombée du jour ; on leur donnera dans ce cas le vert coupé, dans les mangeoires. Nous tenons de M. B...., cultivateur à H...., qui met ce procédé en usage depuis quelques années, qu'il en a obtenu les meilleurs résultats. M. B...., Mme B...., cultivateurs à M...., coupent les fourrages en vert et les distribuent à la bergerie pendant le jour. Ils sont très-satisfaits de cet usage.

A cette occasion, nous signalerons les méthodes employées par ces cultivateurs et par d'autres encore. Convaincus par une longue expérience que les fortes chaleurs du printemps et de l'été favorisent le développement de l'épizootie, ils ont, depuis assez de temps pour être fixés sur la valeur du moyen, maintenu le plus possible leurs moutons en stabulation; ils ont en partie supprimé le pâturage, supprimé le parcage et fait agneler au mois d'août.

La nourriture verte ainsi donnée à la bergerie est doublement profitable aux moutons ; ils la consomment entièrement et, en outre, ne se nourrissent pas seulement du florin, la partie du végétal reconnue la plus nutritive et peut-être bien la plus dangereuse pour leur santé. Il y a donc là une grande raison d'hygiène et un motif d'économie non moins intéressant.

Ils commencent par donner le seigle et les gravières et terminent par les secondes coupes de luzerne. Ils ne mettent au parc qu'en septembre et encore ne sont-ce que des moutons destinés à être engraissés et vendus en avril suivant.

Les résultats obtenus jusqu'ici ont été remarquables, et tel cultivateur qui perdait, bon an, mal an, une centaine de sujets, en perd à peine une dizaine aujourd'hui. Une expérience de sept années, par les années de sécheresse qui viennent de s'écouler, sont ou doivent paraître suffisamment concluantes. Les obstacles soulevés par une insuffisance de nourriture, par l'augmentation des frais de main d'œuvre et par la perte de l'engrais du parcage, ne paraîtront pas sérieux aux cultivateurs soucieux de la prospérité de leurs troupeaux.

— Les fourrages verts et aqueux font souvent défaut à la fin de l'été et en automne. Nous avons vu M. A., ancien maître de poste, à Provins, faire usage de semis d'orge, opérés fin de mai ou en juin, et s'en être très-bien trouvé. Nous pensons qu'on pourrait essayer de cultiver, pour ce moment, la nouvelle graminée dont on dit tant de bien, le brôme de Schrader.

— Pour ce qui concerne les boissons, nous recommandons, d'une manière toute spéciale, de prodiguer aux moutons, tous les jours et en toute saison, l'eau pure et fraîche. Quelques cultivateurs y font dissoudre du sel marin, nous ne sommes point partisan de cette pratique. Cette substance est échauffante, tonique, et doit ajouter son action à celle d'une alimentation dont c'est déjà le grand inconvénient.

— Les bergeries devront toujours être bien aérées, ouvertes de toutes parts, ne contenir que le nombre d'animaux compatibles avec la masse d'air qu'elles peuvent cuber. Les fumiers en seront enlevés tous les quinze jours, de façon à ce qu'ils ne puissent contribuer à vicier l'air de l'habitation.

Telles sont, en quelques mots, les attentions que nous croyons devoir signaler aux cultivateurs, eu égard aux applications qui peuvent ressortir de l'hygiène. Malheureusement elles ne suffisent pas toujours à conjurer l'apparition du sang de rate ; il s'est présenté des circonstances où, malgré les soins les mieux entendus et mis en usage de longue main, ce fléau a fait et pendant trop longtemps de trop nombreuses victimes.

Dans des circonstances semblables, lorsque les soins hygié-
niques sont restés sans effet, ce n'est point du charlatanisme
que de chercher dans la pharmacopée un remède prophylactique pour modérer ou entraver la marche violente de l'enzoo-
épizootie.

Depuis longtemps nous nous sommes attaché, par un très-
grand nombre d'expériences, à trouver parmi les agents de la
matière médicale une substance qui, donnée à tous les animaux d'un troupeau envahi par la maladie, soit susceptible
d'en préserver ceux qui n'en présentent point encore les
symptômes évidents.

Dans cet ordre de recherches, nous nous sommes particulièrement adressé aux préparations dont l'action connue et
dominante s'exerce plus spécialement sur le liquide sanguin.

Nous avons donc conseillé et fait essayer, sous notre
contrôle, les médicaments suivants :

Le sulfate de soude à la dose de 5 à 600 grammes par 100
litres d'eau. Ce sel a été donné pendant des mois entiers et
successifs, sans amélioration.

Nous avons essayé d'administrer à tous les sujets d'un
troupeau malade des prises de deux grammes d'essence de
térébenthine, pendant cinq jours consécutifs. Nous n'avons
obtenu aucun succès.

Nous avons conseillé le sulfate de fer, à la dose de un gramme
par tête et par jour. Nous avons fait donner dans les boissons
le sulfate de quinine jusqu'à la dose de 0,20 centigr. par tête,
et pendant dix jours, tout cela sans résultat.

Nous avons fait donner le perchlorure de fer jusqu'à la dose
de 10 centigr. par tête et par jour dans des circonstances différentes, il n'en est résulté aucun bienfait.

Enfin nous avons employé le sulfite de soude. Cette préparation, dont les propriétés antiseptiques semblaient des mieux
recommandées, a échoué comme les précédentes ; nous avons
pourtant recueilli plusieurs observations favorables, il pourrait
être utile de renouveler ces expériences.

Il est bon d'ajouter que si chez tous les cultivateurs qui ont
tenté quelques expériences, il n'y a guère eu que des insuc-
cès, il importe de faire connaître qu'il ne fut pratiqué aucune
désinfection ; nous persistons à penser que, chez la plupart,
le résultat eût été différent, si l'on se fût mis en garde contre
les inconvénients de la contagion. Nos idées, à cet égard, sont

de plus en plus fixées; aussi insistons-nous désormais pour que la purification des lieux où se sont opérées des mortalités, soit aussi complète que possible; nous y attachons la plus grande importance.

Le choix des moyens à employer ne doit pas être indifférent. Les anciens procédés par la chaux vive, les fumigations aromatiques, les chlorures, les fumées chlorurées ne nous paraissent point jouir de vertus d'une efficacité incontestable.

Les recherches récentes auxquelles a donné lieu la connaissance des propriétés antiseptiques du goudron de houille, paraissent attribuer à cet agent ou à ses dérivés des qualités dont la pratique dans les fermes peut trouver la meilleure application. Nous en avons déjà conseillé l'emploi dans diverses circonstances, et nous n'avons pas eu à le regretter; en semblable matière l'expérience sera le meilleur des juges.

Comme le coaltar est de sa nature peu maniable, il sera possible dans beaucoup de cas de le remplacer, pour purifier le sol des bergeries et les fumiers malsains, par du plâtre coaltaré, de la terre, des sciures coaltarées, établies dans la proportion de trois parties de goudron pour cent parties d'excipient. Le goudron pur pourra être utilement employé, dans ces cas, à badigeonner la partie inférieure des murailles, les mangeoires, les râteliers, etc., les claies du parc.

Dans toutes les circonstances, les fumigations ne devront pas être oubliées; le goudron minéral, projeté sur une plaque de fer rougie au feu, brûle en produisant une fumée très-épaisse qui se répand partout jusque dans les interstices des murailles et des pailliers. Ces fumigations pourront être faites, les animaux étant dans les habitations, en modifiant toutefois leur intensité suivant l'exigence du moment; il sera possible de les renouveler fréquemment.

Si l'insolubilité du coaltar est l'obstacle principal à la facilité de son emploi, il existe un extrait de cette substance dont les vertus antiseptiques sont au moins autant prononcées que les siennes; cette préparation, c'est l'acide phénique ou carbolique.

Cet acide pourra être employé en lotions, pour les objets ayant eu quelque contact avec les malades ou les morts; on en arrosera les murailles, les mangeoires, les râteliers, les fumiers. L'eau dissout cinq pour cent de cet acide.

Nous conseillons également d'en administrer aux animaux

d'un troupeau malade, une quantité d'un quart de millième, ou bien 25 centigrammes par litre d'eau, et par jour, pendant plusieurs jours de suite. Cette préparation, d'après des expériences qui paraissent concluantes, s'opposerait à toute fermentation putride en en détruisant le principe, c'est-à-dire le ferment. Si les animaux refusent de boire, on pourra ajouter à la dissolution 5 à 600 grammes de sulfate de soude; les moutons en son très-friands et l'acide phénique ne le décompose point.

Ceci dit, pouvons-nous affirmer avoir atteint le but que nous nous sommes proposé en commençant ce travail?

Si nous avons réussi à appeler une fois de plus l'attention sur un sujet qui intéresse à un si haut point l'agriculture de notre pays. Si nous avons utilement employé nos efforts à mettre en lumière quelque côté obscur de l'aride problème des causes du sang de rate, nous avons rempli notre tâche. Que ceux qui ont comme nous le désir d'être utiles à l'agriculture et au bien public, nous suivent dans cette voie et fassent connaître leurs résultats.

PARIS. — F. DE SOYE, IMPRIMEUR, PLACE DU PANTHÉON, 2.

9 782329 599205